DIESES BUCH GEHÖRT

_____

INHALTSVERZEICHNIS

SKULL (VORDERANSICHT)

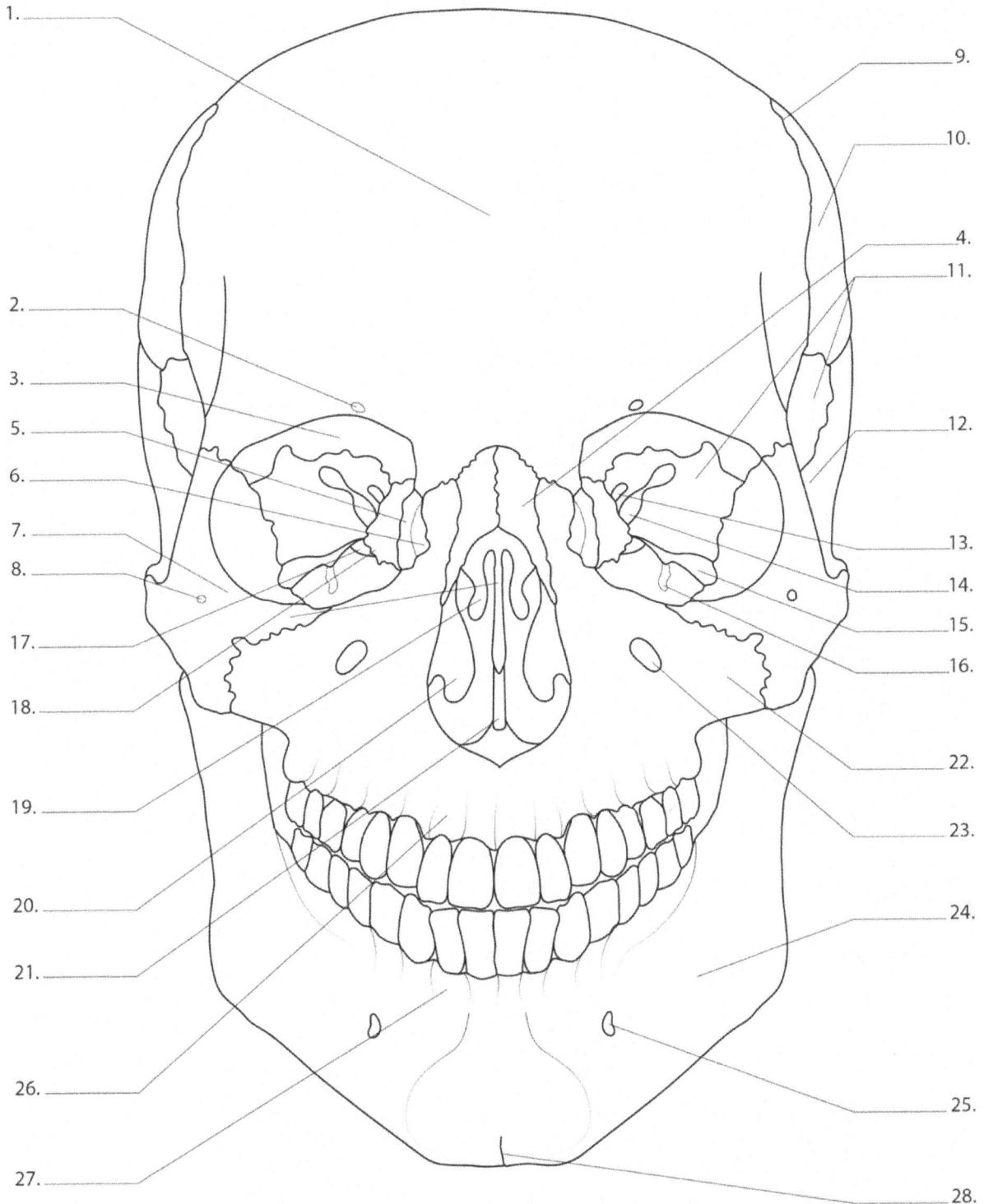

1.

2.

3.

4.

5.

6.

7.

8.

9.

10.

11.

12.

13.

14.

15.

16.

17.

18.

19.

20.

21.

22.

23.

24.

25.

26.

27.

28.

SKULL (VORDERANSICHT)

1. Stirnbein
2. Supraorbitales Foramen
3. Umlaufbahn
4. Nasenbein
5. Tränenknochen
6. Fossa lacrimalis
7. Zygomatischer Knochen
8. Zygomatikofaziale Fossa
9. Koronale Naht
10. Scheitelbein
11. Keilbein
12. Schläfenbein
13. Sehnervenkanal
14. Obere Orbitalspalte
15. Fissur der unteren Augenhöhle
16. Infraorbitaler Sulkus
17. Gaumenbein
18. Siebbein
19. Mittlere Ohrmuschel
20. Untere Concha
21. Vomer
22. Maxilla
23. Infraorbitales Foramen
24. Unterkiefer
25. Mentales Foramen
26. Alveolarfortsatz des Oberkiefers
27. Alveolarfortsatz des Unterkiefers
28. Mentale Protuberanz des Unterkiefers

SCHÄDELBASIS (AUßENANSICHT)

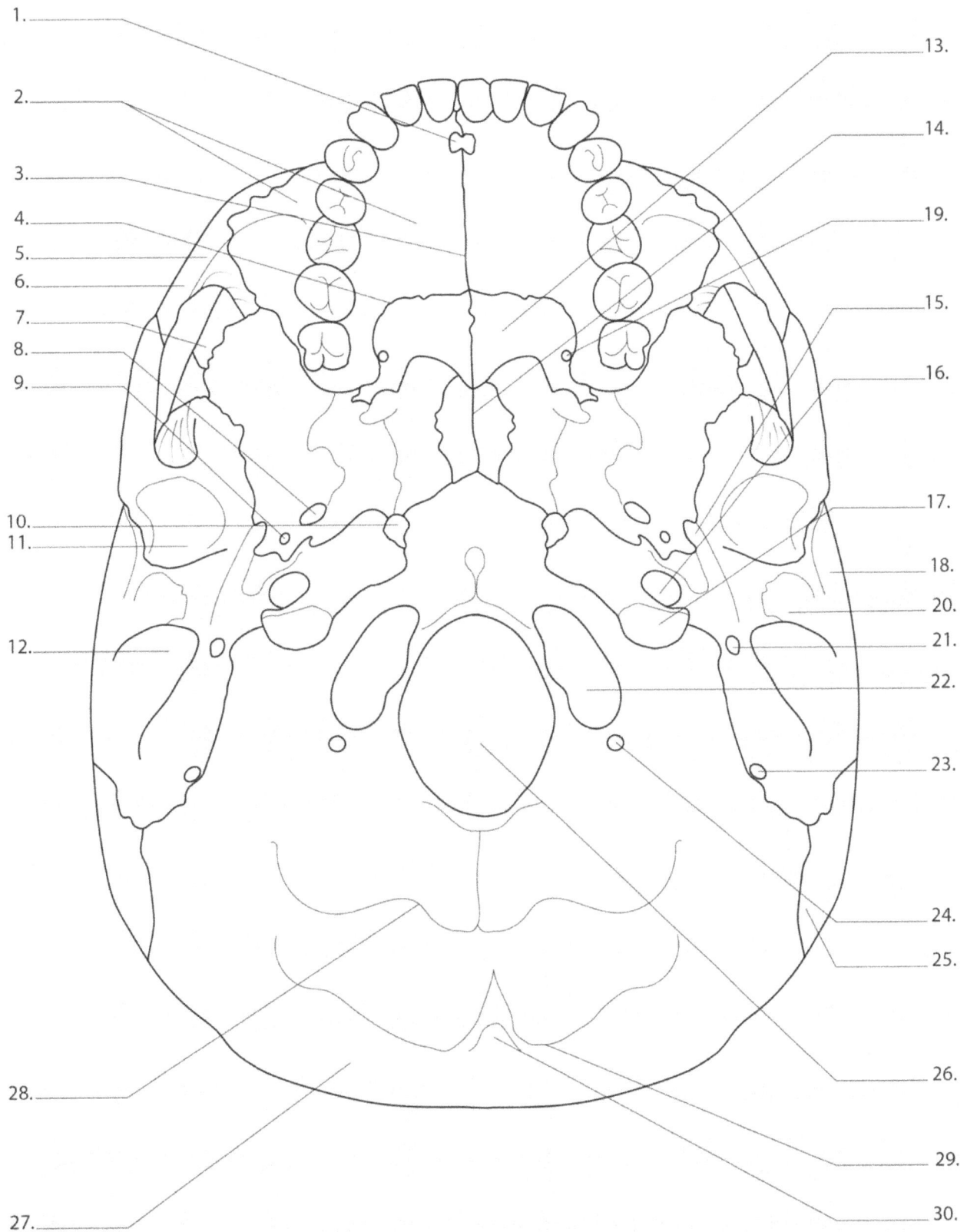

1.

2.

3.

4.

5.

6.

7.

8.

9.

10.

11.

12.

13.

14.

19.

15.

16.

17.

18.

20.

21.

22.

23.

24.

25.

26.

28.

29.

30.

27.

SCHÄDELBASIS (AUßENANSICHT)

1. Prägnantes Foramen
2. Maxilla
3. Mediane Palatin-Naht
4. Transversale Gaumen-Naht
5. Zygomatischer Knochen
6. Jochbeinbogen
7. Stirnbein
8. Foramen ovale (ovales Fenster)
9. Foramen spinosum
10. Foramen lacerum (Risswunden-Piercing)
11. Fossa mandibularis
12. Mastoidfortsatz
13. Gaumenbein
14. Vomer
15. Styloid-Verfahren
16. Karotis-Kanal
17. Jugularforamen
18. Schläfenbein
19. Größere Palatinforamina
20. Äußerer akustischer Meatus
21. Stylomastoideus-Foramen
22. Hinterhauptskondyle
23. Mastoid-Foramen
24. Fossa Kondylar
25. Scheitelbein
26. Foramen magnum
27. Hinterhauptbein
28. Untere Nackenlinie
29. Obere Nackenlinie
30. Äussere okzipitale Protuberanz

SCHÄDELBASIS (INNENANSICHT)

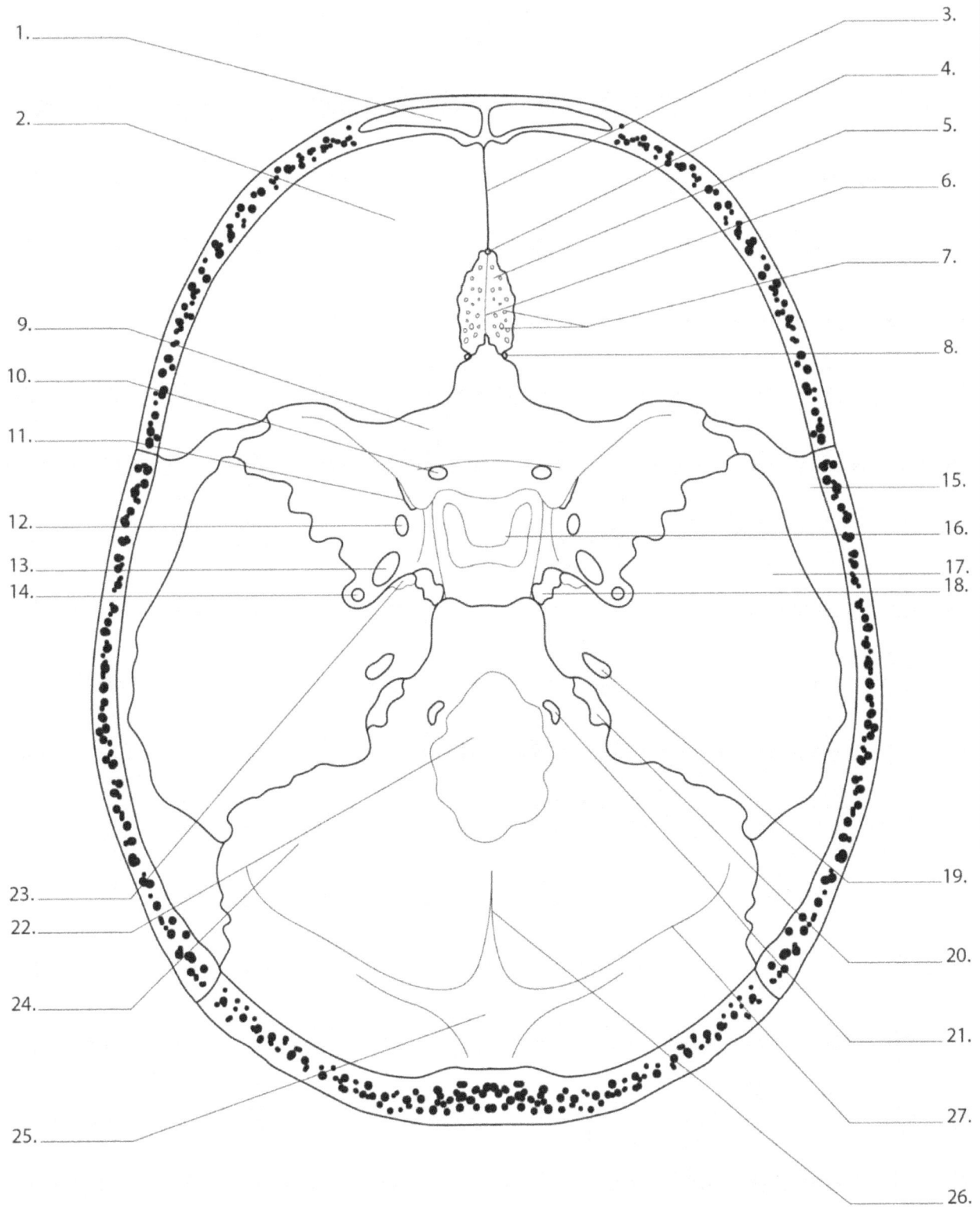

1.

2.

3.

4.

5.

6.

7.

8.

9.

10.

11.

12.

13.

14.

15.

16.

17.

18.

19.

20.

21.

22.

23.

24.

25.

26.

27.

SCHÄDELBASIS (INNENANSICHT)

1. Stirnhöhle
2. Stirnbein
3. Frontaler Kamm
4. Foramen caecum
5. Siebbein
6. Crista galli
7. Siebblech
8. Foramen ethmoid posterior
9. Keilbein
10. Optisches Foramen
11. Fissur orbitalis superior
12. Foramen rotundum
13. Foramen ovale (ovales Fenster)
14. Foramen spinosum
15. Scheitelbein
16. Sella turcica
17. Schläfenbein
18. Foramen lacerum (Risswunden-Piercing)
19. Innerer Gehörgang
20. Jugularforamen
21. Hypoglossus-Kanal
22. Foramen magnum
23. Karotis-Kanal
24. Hinterhauptbein
25. Innere okzipitale Protuberanz
26. Innerer Hinterhauptkamm
27. Nut für den Transversalsinus

KIEFERGELENK (SEITLICHE ANSICHT)

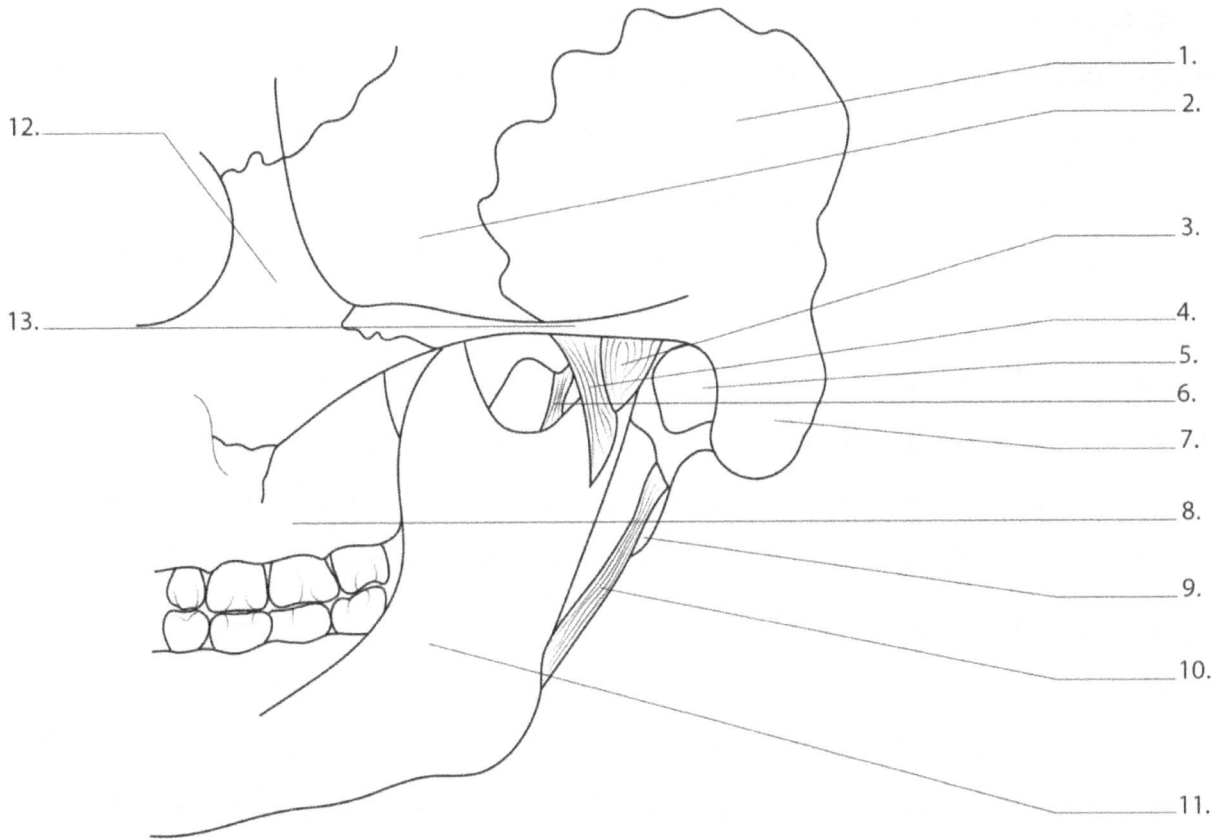

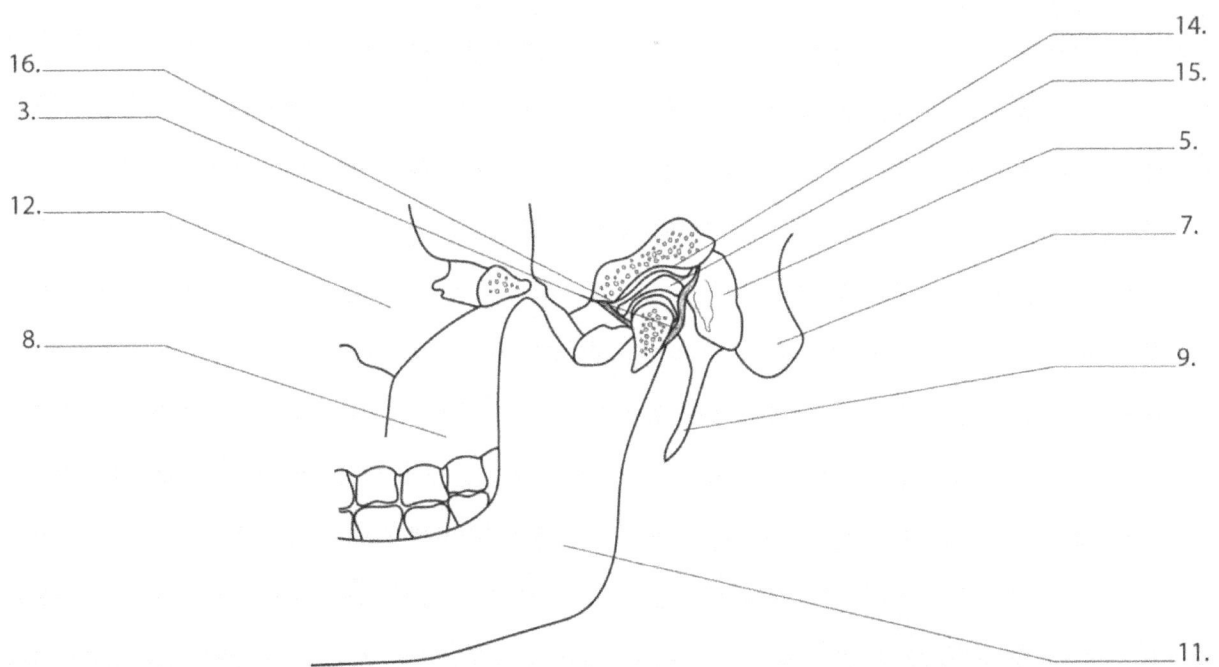

KIEFERGELENK (SEITLICHE ANSICHT)

1. Schläfenbein

2. Keilbein

3. Gelenkkapsel

4. Ligamentum lateralis

5. Äußerer akustischer Meatus

6. Sphenomandibuläres Ligament (inneres Seitenband)

7. Mastoidfortsatz

8. Maxilla

9. Styloid-Verfahren

10. Stylomandibuläres Ligament

11. Ramus des Unterkiefers

12. Zygomatischer Knochen

13. Jochbeinbogen

14. Fossa-Unterkiefer

15. Gelenkscheibe

16. Tuberculum articularis

GESICHTSMUSKELN (VORDERANSICHT)

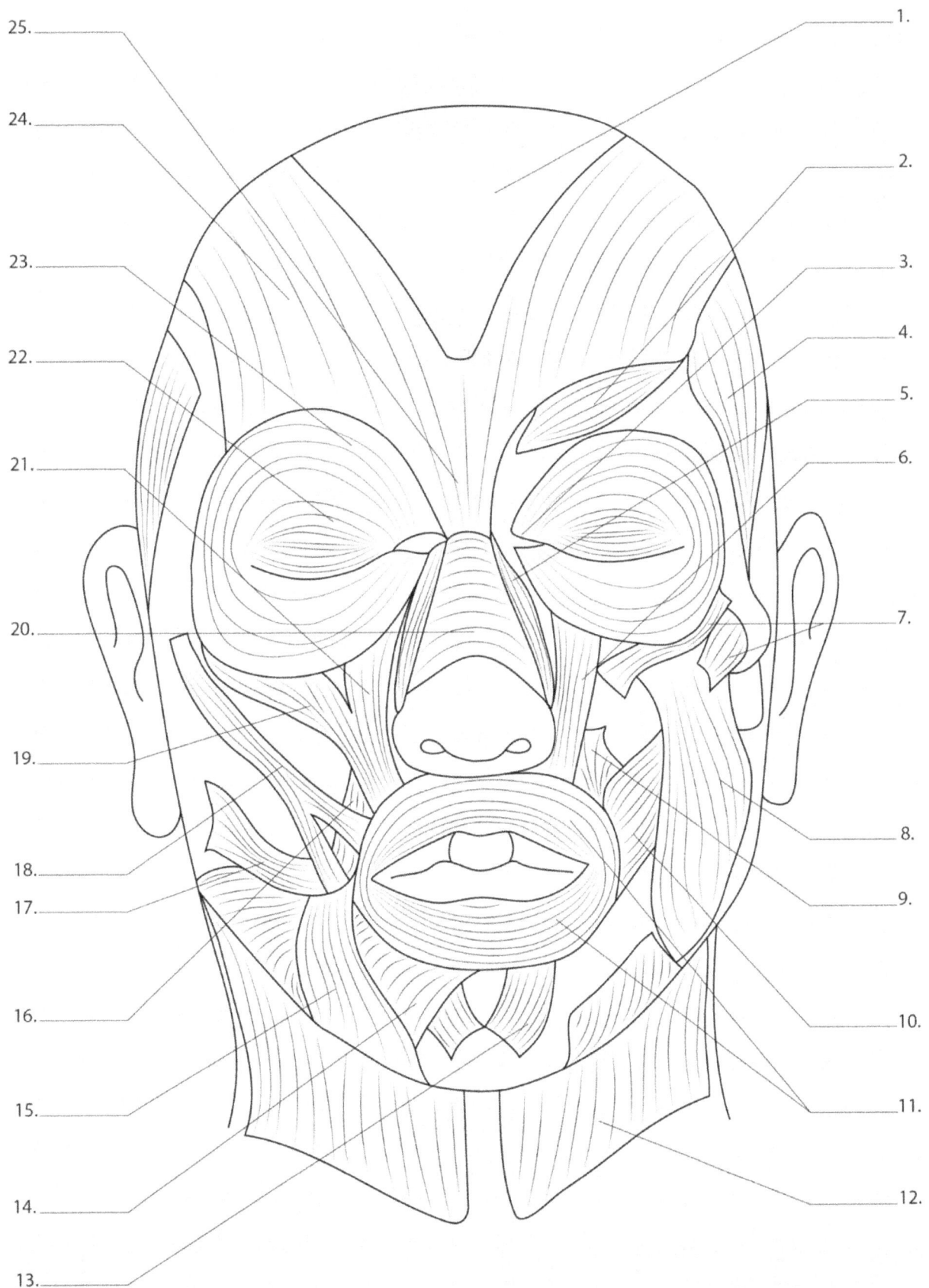

25.

24.

23.

22.

21.

20.

19.

18.

17.

16.

15.

14.

13.

1.

2.

3.

4.

5.

6.

7.

8.

9.

10.

11.

12.

GESICHTSMUSKELN(VORDERANSICHT)

1. Epikraniale Aponeurose

2. Muskelkorrugator supercilii

3. Muskel-Levator labii superioris alaeque nasi

4. Musculus temporalis

5. Muskel-Nasalis (transversale Nasalis)

6. Muskel-Levator labii superior

7. Musculus zygomaticus minor und major

8. Muskelmasse-Messer

9. Muskel-Levator anguli oris

10. Muskel-Bukkinator

11. Musculus orbicularis oris

12. Platysma

13. Musculus mentalis

14. Muskeldrücker labii inferioris

15. Muskeldrücker anguli oris

16. Muskel-Levator anguli oris

17. Muskel-Risorius

18. Muskel-Zygomaticus major

19. Musculus zygomaticus minor

20. Muskelnasalis (alar nasalis)

21. Muskel-Levator labii superioris

22. Musculus orbicularis oculi (palpebraler Anteil)

23. Musculus orbicularis oculi (Orbitalis-Anteil)

24. Musculus occipitofrontalis (vorderer Teil)

25. Muskelprocerus

MUSKELN VON GESICHT UND HALS
(SEITLICHE ANSICHT)

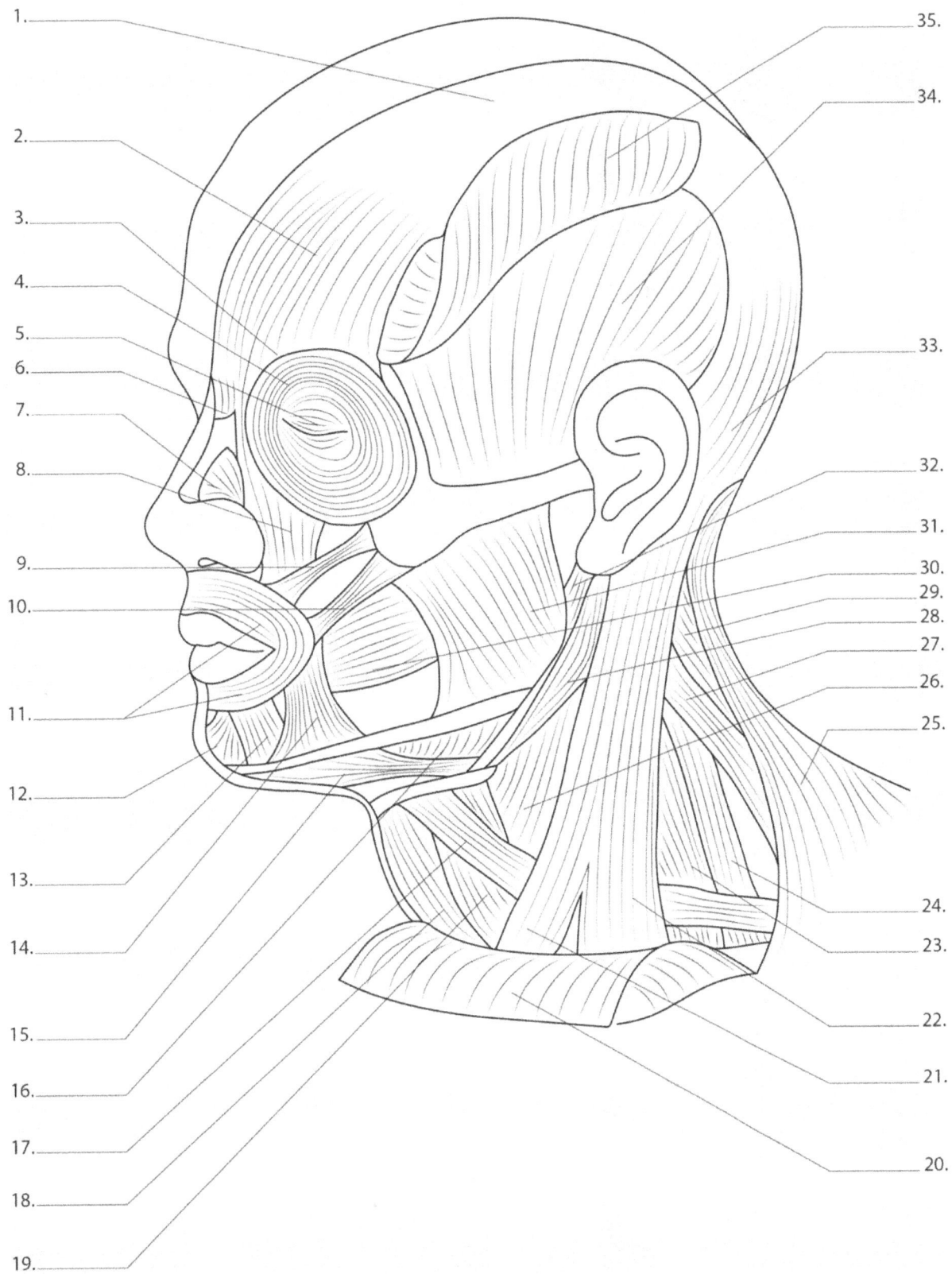

1.
2.
3.
4.
5.
6.
7.
8.
9.
10.
11.
12.
13.
14.
15.
16.
17.
18.
19.

35.
34.
33.
32.
31.
30.
29.
28.
27.
26.
25.
24.
23.
22.
21.
20.

MUSKELN VON GESICHT UND HALS (SEITLICHE ANSICHT)

1. Epikraniale Aponeurose
2. Vorderer Bauch des Musculus occipitofrontalis
3. Muskelkorrugator suprcilii
4. Musculus orbicularis oculi (palpebraler Anteil)
5. Musculus orbicularis oculi (Orbitalis-Anteil)
6. Muskelprocerus
7. Muskel-Nasalis
8. Muskel-Levator labii superiorus
9. Musculus zygomaticus minor
10. Muskel-Zygomaticus major
11. Musculus orbicularis oris
12. Musculus mentalis
13. Muskeldrücker labii inferioris
14. Muskeldrücker anguli oris
15. Musculus digastricus (vorderer Bauch)
16. Muskel-Mylohyoid
17. Omohyoid-Muskel
18. Muskulatur Sternohyoid
19. Muskelschilddrüse
20. Platisma
21. Musculus sternocleidomastoideus (Sternum-Kopf)
22. Musculus sternocleidomastoideus (Schlüsselbeinkopf)
23. Muskel-Skala mittel
24. Musculus scalene posterior
25. Muskel-Trapezius
26. Muskelverengender Rachenraum
27. Muskel-Levator-Scapula
28. Musculus digastricus (Hinterbauch)
29. Muskelsplenius
30. Muskel-Bukkinator
31. Muskelmasse-Messer
32. Muskel-Stylohyoid
33. Hinterhauptbauch des Musculus occipitofrontalis
34. Musculus temporalis
35. Musculus temporoparietalis

KNOCHEN VON KOPF UND HALS (SEITLICHE ANSICHT)

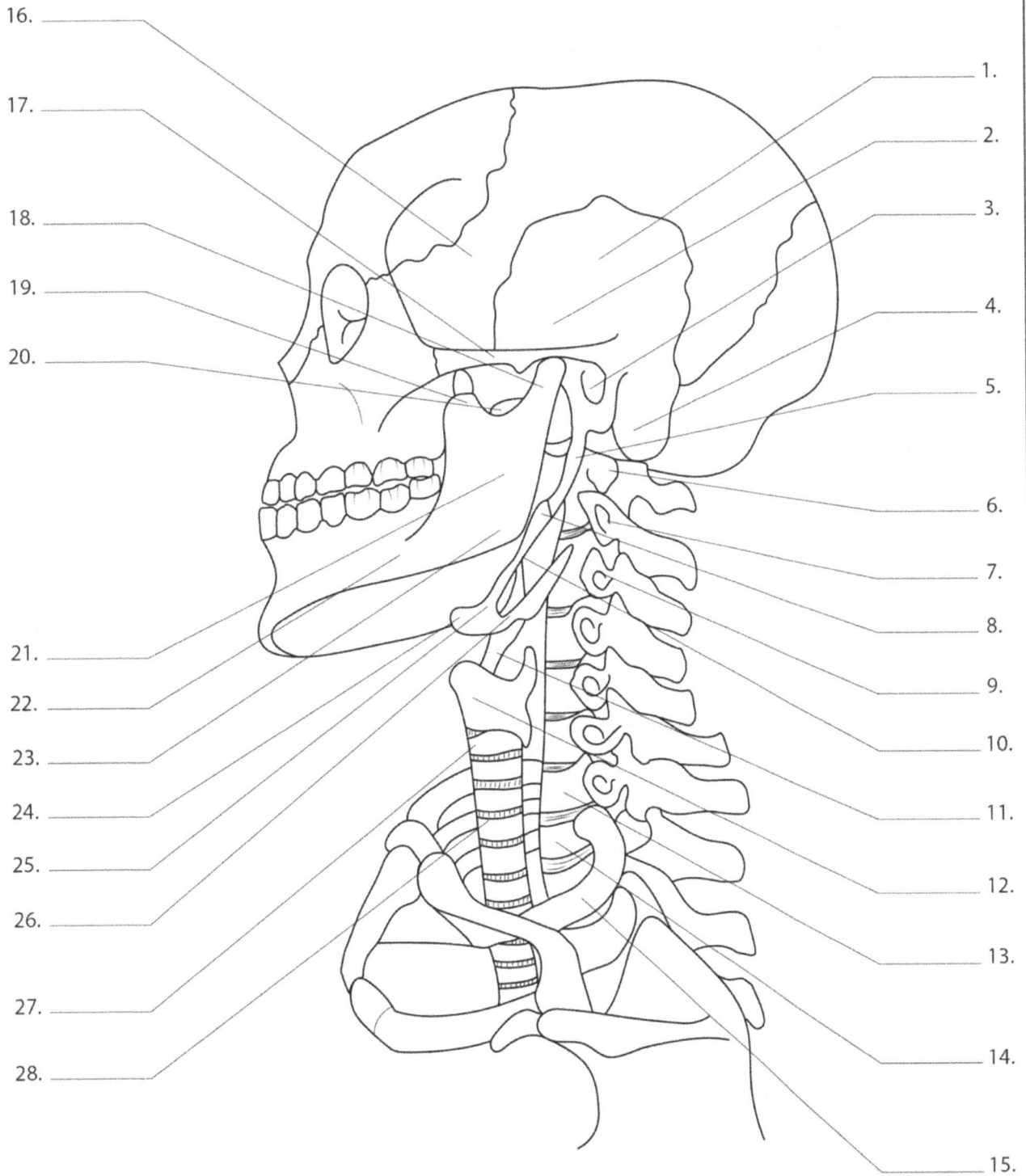

16.

17.

18.

19.

20.

21.

22.

23.

24.

25.

26.

27.

28.

1.

2.

3.

4.

5.

6.

7.

8.

9.

10.

11.

12.

13.

14.

15.

KNOCHEN VON KOPF UND HALS (SEITLICHE ANSICHT)

1. Schläfenbein
2. Zeitliche Fossa
3. Äußerer akustischer Meatus
4. Mastoidfortsatz
5. Styloid-Verfahren
6. Atlas (C1)
7. Achse (C2)
8. Stylomandibuläres Ligament
9. C3-Wirbel
10. Stylohyoid-Band
11. Epiglottis
12. Knorpel der Schilddrüse
13. C7-Wirbel
14. T1-Wirbel
15. 1. Rippe
16. Keilbein
17. Jochbeinbogen
18. Kondylenfortsatz des Unterkiefers
19. Koronoidenfortsatz des Unterkiefers
20. Kieferkerbe (Incisura)
21. Ramus des Unterkiefers
22. Körper des Unterkiefers
23. Winkel des Unterkiefers
24. Körper aus Zungenbein
25. Kleines Horn des Zungenbeins
26. Größeres Horn des Zungenbeins
27. Kricoidaler Knorpel
28. Luftröhre

BRUSTMUSKELN
(VORDERANSICHT)

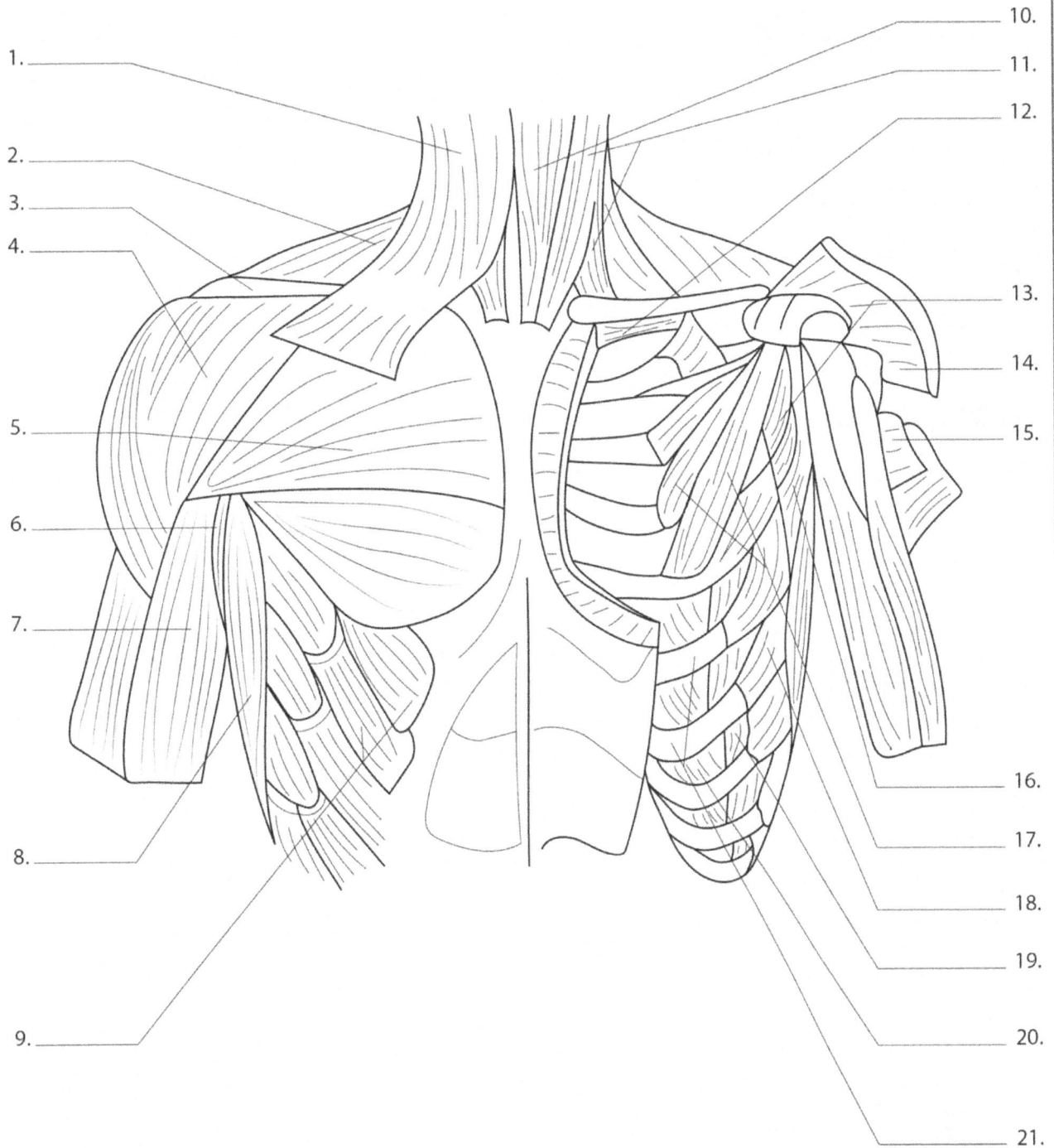

1.

2.

3.

4.

5.

6.

7.

8.

9.

10.

11.

12.

13.

14.

15.

16.

17.

18.

19.

20.

21.

BRUSTMUSKELN (VORDERANSICHT)

1. Muskel-Platysma

2. Muskel-Trapezius

3. Muskel-Schlüsselbein

4. Muskel Deltamuskel

5. Musculus pectoralis major

6. Muskel Coracobrachialis

7. Muskel Bizeps brachii

8. Musculus latissimus dorsi

9. Muskulatur außen abdominal schräg

10. Muskulatur Sternohyoid

11. Musculus sternocleidomastoideus

12. Muskel-Subclavius

13. Muskel Deltamuskel (Schnitt)

14. Muskelsubskapularis

15. Musculus pectoralis major (Schnitt)

16. Muscle teres major

17. Musculus pectoralis minor

18. Musculus serratus anterior

19. Muskulatur außen interkostal

20. Interkostal-Muskulatur

21. Rippen

BRUSTMUSKELN
(RÜCKENANSICHT)

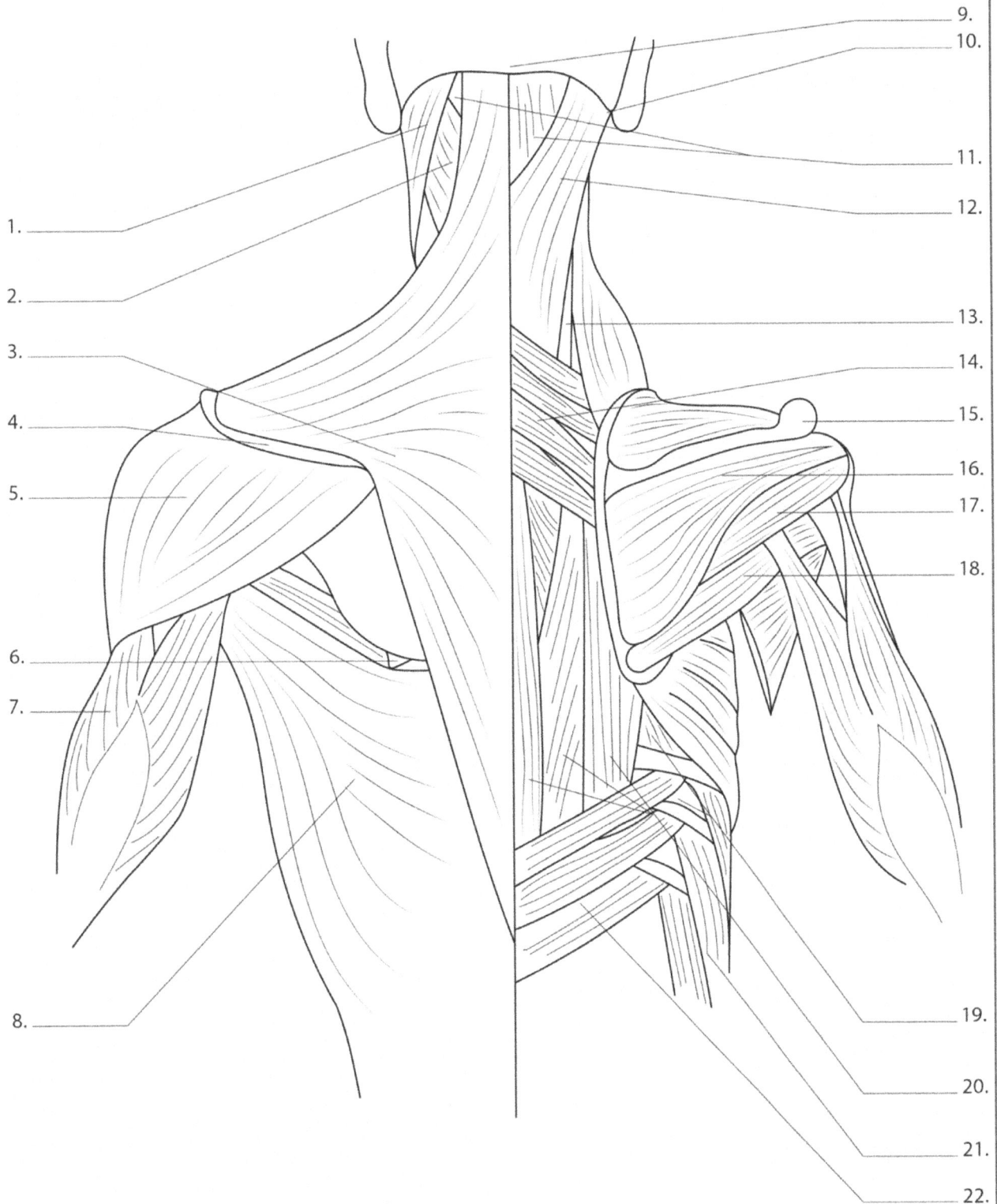

1.

2.

3.

4.

5.

6.

7.

8.

9.

10.

11.

12.

13.

14.

15.

16.

17.

18.

19.

20.

21.

22.

BRUSTMUSKELN (RÜCKENANSICHT)

1. Musculus sternocleidomastoideus

2. Muskel-Splenius-Kapitis

3. Muskel-Trapezius

4. Spina scapula

5. Muskel Deltamuskel

6. Inferiorer Winkel des Schulterblattes

7. Muskel-Trizeps brachii

8. Musculus latissimus dorsi

9. Äussere okzipitale Protuberanz

10. Mastoidfortsatz des Schläfenbeins

11. Musculus semispinalis capitis

12. Muskel-Splenius-Kapitis

13. Musculus splenius cervicis

14. Musculus serratus posterior superior

15. Akromionfortsatz des Schulterblattes

16. Muskel infraspinatus

17. Musculus teres minor

18. Muscle teres major

19. Muskelexterne Interkostalen

20. Muscle erector spinae (Gruppe)

21. Muskulatur außen abdominal schräg

22. Musculus serratus posterior inferior

BRUSTKNOCHEN (VORDER- UND RÜCKENANSICHT)

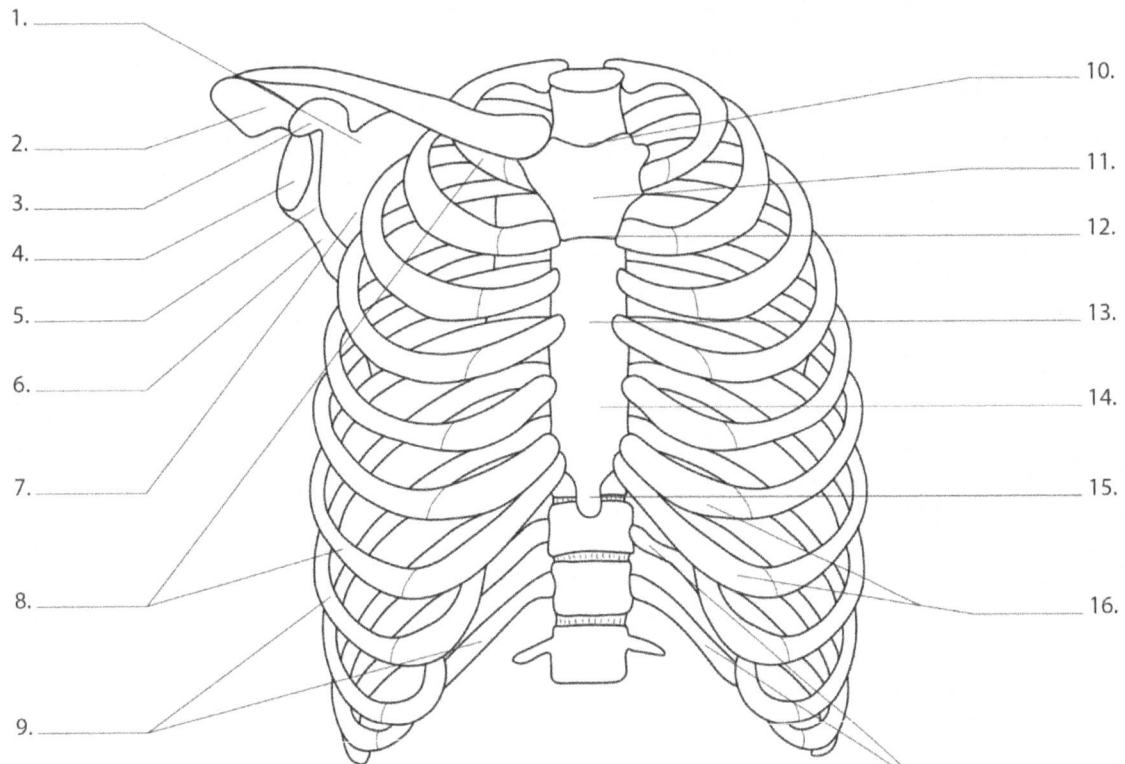

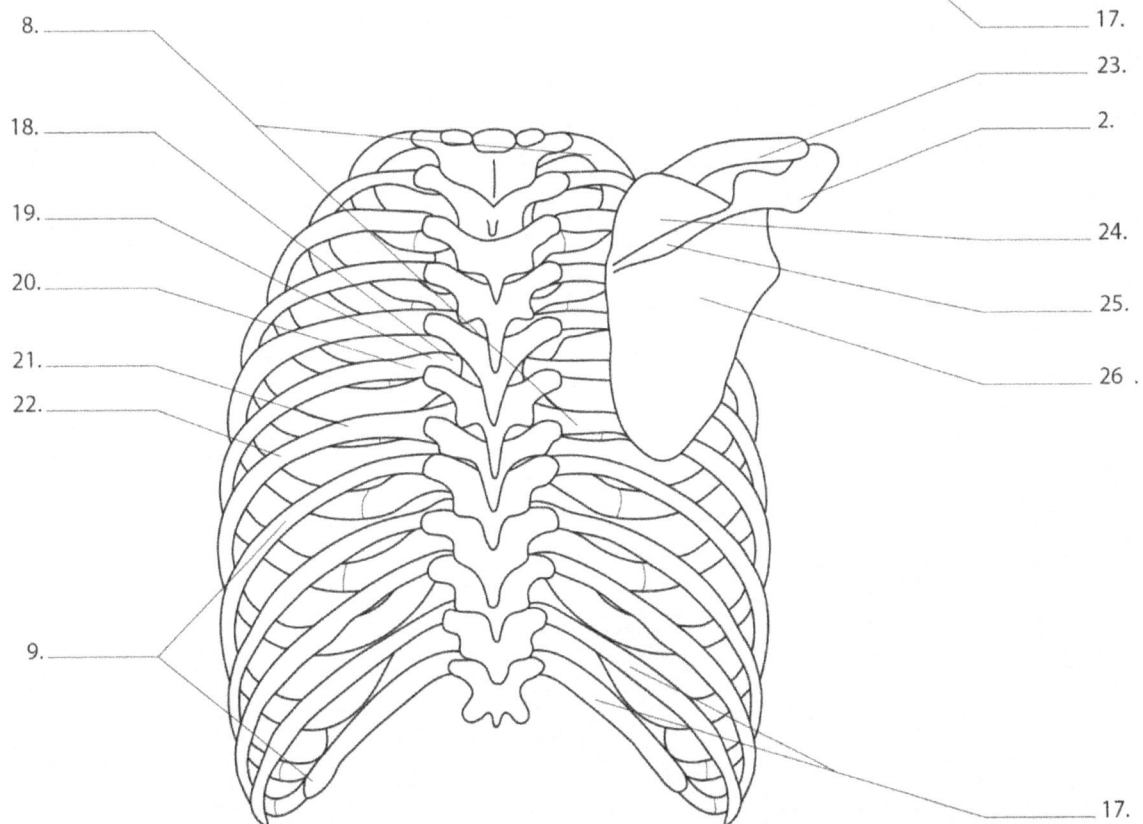

1.

2.

3.

4.

5.

6.

7.

8.

9.

10.

11.

12.

13.

14.

15.

16.

17.

8.

18.

19.

20.

21.

22.

9.

23.

2.

24.

25.

26 .

17.

BRUSTKNOCHEN (VORDER- UND RÜCKENANSICHT)

1. Supraskapuläre Kerbe
2. Schulterblatt-Akromion
3. Korakoidenfortsatz des Schulterblattes
4. Gelenkpfanne des Schulterblattes
5. Hals des Schulterblattes
6. Scapula
7. Fossa subscapularis
8. Echte Rippen (1-7)
9. Falsche Rippen (8-12)
10. Jugularer Einschnitt des Brustbeins
11. Manubrium des Brustbeins
12. Winkel des Brustbeins
13. Körper des Brustbeins
14. Sternum
15. Xiphoid-Prozess
16. Rippenknorpel
17. Schwimmende Rippen (11-12)
18. Kopf der Rippen
19. Rippenhals
20. Rippentuberkel
21. Winkel der Rippen
22. Körper der Rippen
23. Klavikula
24. Supraspinöse Fossa des Schulterblattes
25. Spina des Schulterblattes
26. Infraspinöse Fossa des Schulterblattes

ORGANE DER BRUSTHÖHLE (VORDERANSICHT)

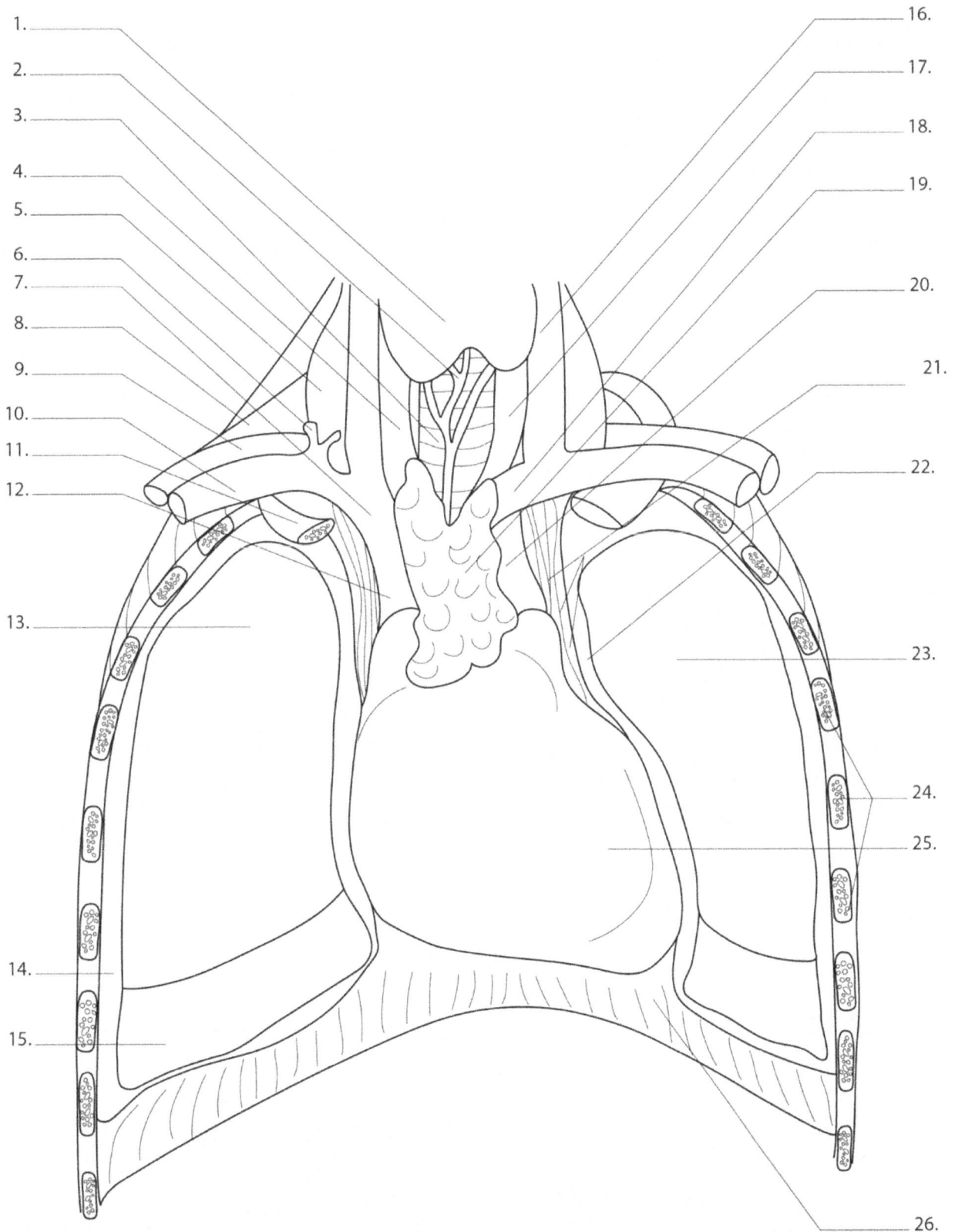

1.

2.

3.

4.

5.

6.

7.

8.

9.

10.

11.

12.

13.

14.

15.

16.

17.

18.

19.

20.

21.

22.

23.

24.

25.

26.

ORGANE DER BRUSTHÖHLE (VORDERANSICHT)

1. Schilddrüse
2. Minderwertige Schilddrüsenvene
3. Luftröhre
4. Brachiozephaler Rumpf
5. Musculus scalene anterior
6. Vena jugularis externa
7. Rechte brachiozephalische Vene
8. Plexus brachialis
9. Arteria subclavia
10. Vena subclavia
11. 1. Rippe
12. Obere Hohlvene
13. Rechte Lunge
14. Kostalteil des parietalen Rippenfells
15. Diaphragmatischer Teil des parietalen Pleuras
16. Vena jugularis interna
17. Gemeinsame linke Halsschlagader
18. Linke V. brachiocephalicus brachiocephalicus
19. Thymusdrüse
20. Bogen der Aorta
21. Nervus phrenicus und pericardiacophrene Arterie und Vene
22. Linke Lunge
23. Rippen
24. Herz
25. Diaphragma

LUNGEN

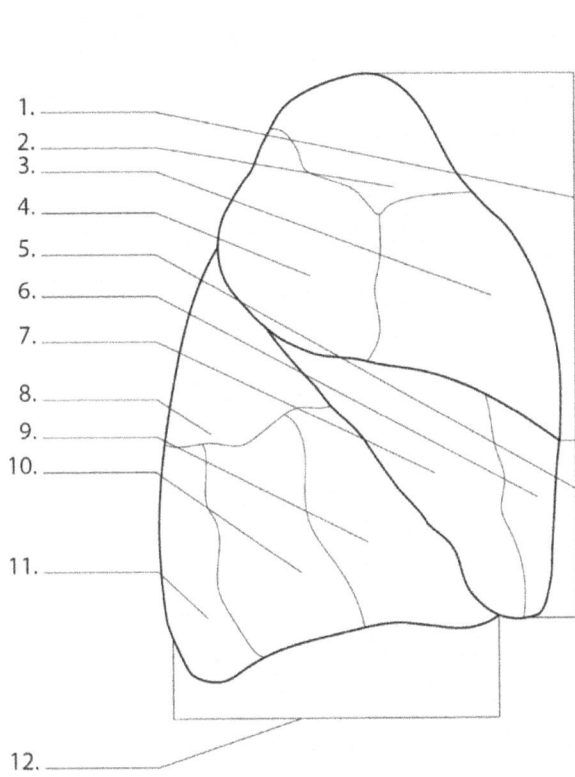

1.
2.
3.
4.
5.
6.
7.
8.
9.
10.

11.

12.

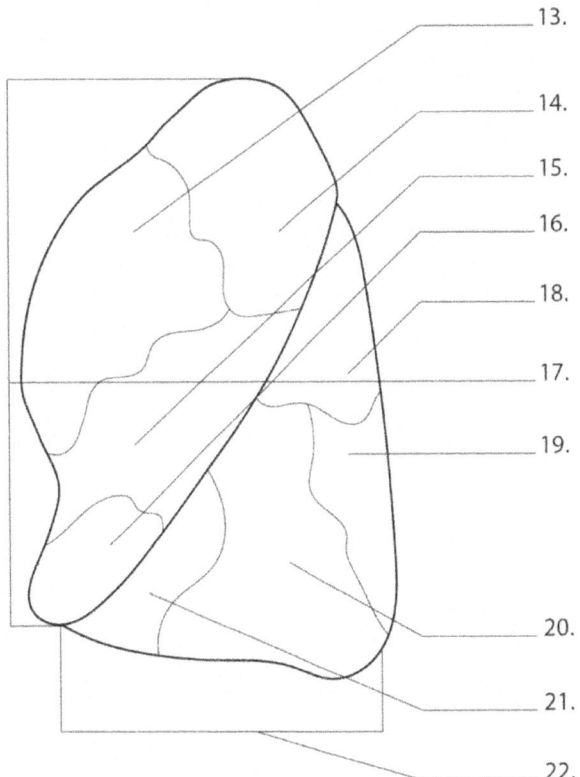

13.
14.
15.
16.
18.
17.

19.

20.

21.

22.

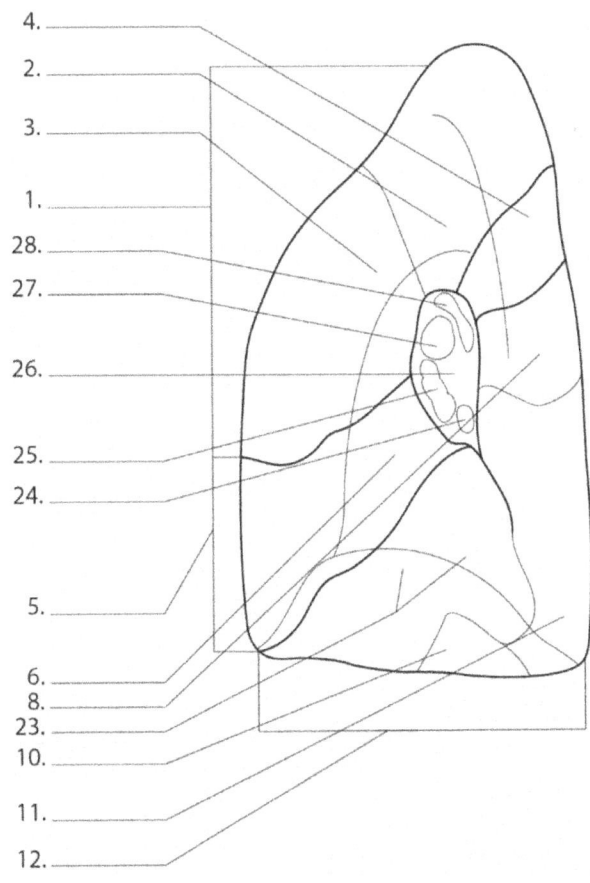

4.
2.
3.
1.
28.
27.

26.

25.
24.

5.

6.
8.
23.
10.

11.

12.

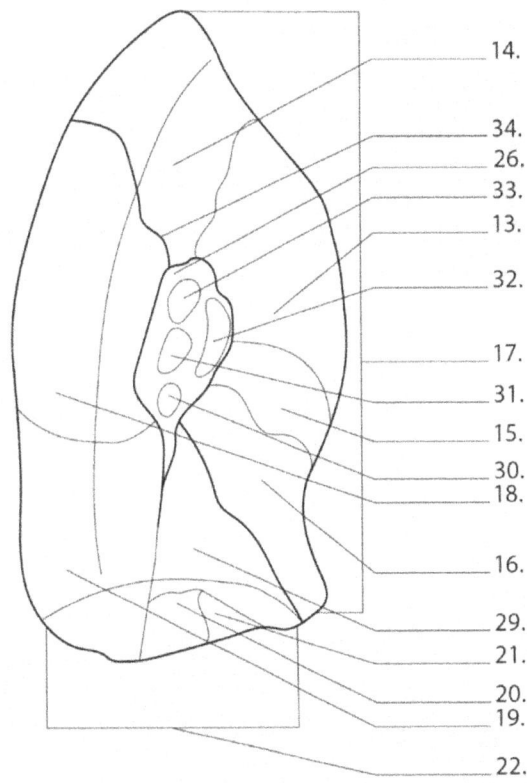

14.

34.
26.
33.
13.

32.

17.
31.
15.
30.
18.

16.

29.
21.
20.
19.

22.

LUNGEN

1. Oberer Lappen der rechten Lunge
2. Apikales Segment des oberen Lappens der rechten Lunge
3. Vorderes Segment des oberen Lappens der rechten Lunge
4. Hinteres Segment des oberen Lappens der rechten Lunge
5. Mittellappen der rechten Lunge
6. Mediales Segment des Mittellappens der rechten Lunge
7. Laterales Segment des Mittellappens der rechten Lunge
8. Oberes Segment des unteren Lappens der rechten Lunge
9. Anteriores Basalsegment des unteren Lappens der rechten Lunge
10. Laterales Basalsegment des unteren Lappens der rechten Lunge
11. Hinteres Basalsegment des unteren Lappens der rechten Lunge
12. Inferiorer Lappen der rechten Lunge
13. Vorderes Segment des oberen Lappens der linken Lunge
14. Apikal-posteriores Segment des oberen Lappens der linken Lunge
15. Oberes Lingularsegment des oberen Lungenlappens der linken Lunge
16. Inferiores Lingularsegment des oberen Lappens der linken Lunge
17. Oberer Lappen der linken Lunge
18. Oberes Segment oder unterer Lappen der linken Lunge
19. Hinteres Basalsegment oder unterer Lungenflügel der linken Lunge
20. Laterales Basalsegment oder unterer Lungenlappen der linken Lunge
21. Vorderes Basalsegment oder unterer Lungenflügel der linken Lunge
22. Inferiorer Lappen der linken Lunge
23. Mediales Basalsegment des unteren Lappens der rechten Lunge
24. Rechte untere Lungenvene
25. Rechte obere Lungenvene
26. Hilum
27. Rechte Lungenarterie
28. Rechte obere Bronchien der rechten Lunge
29. Vorderes mediales Basalsegment des unteren Lappens der linken Lunge
30. Inferiore Pulmonalvene der linken Lunge
31. Rami-Bronchien der linken Lunge
32. Linke obere Lungenvene
33. Linke Lungenarterie
34. Schräger Spalt

HERZ (ZWERCHFELLANSICHT)

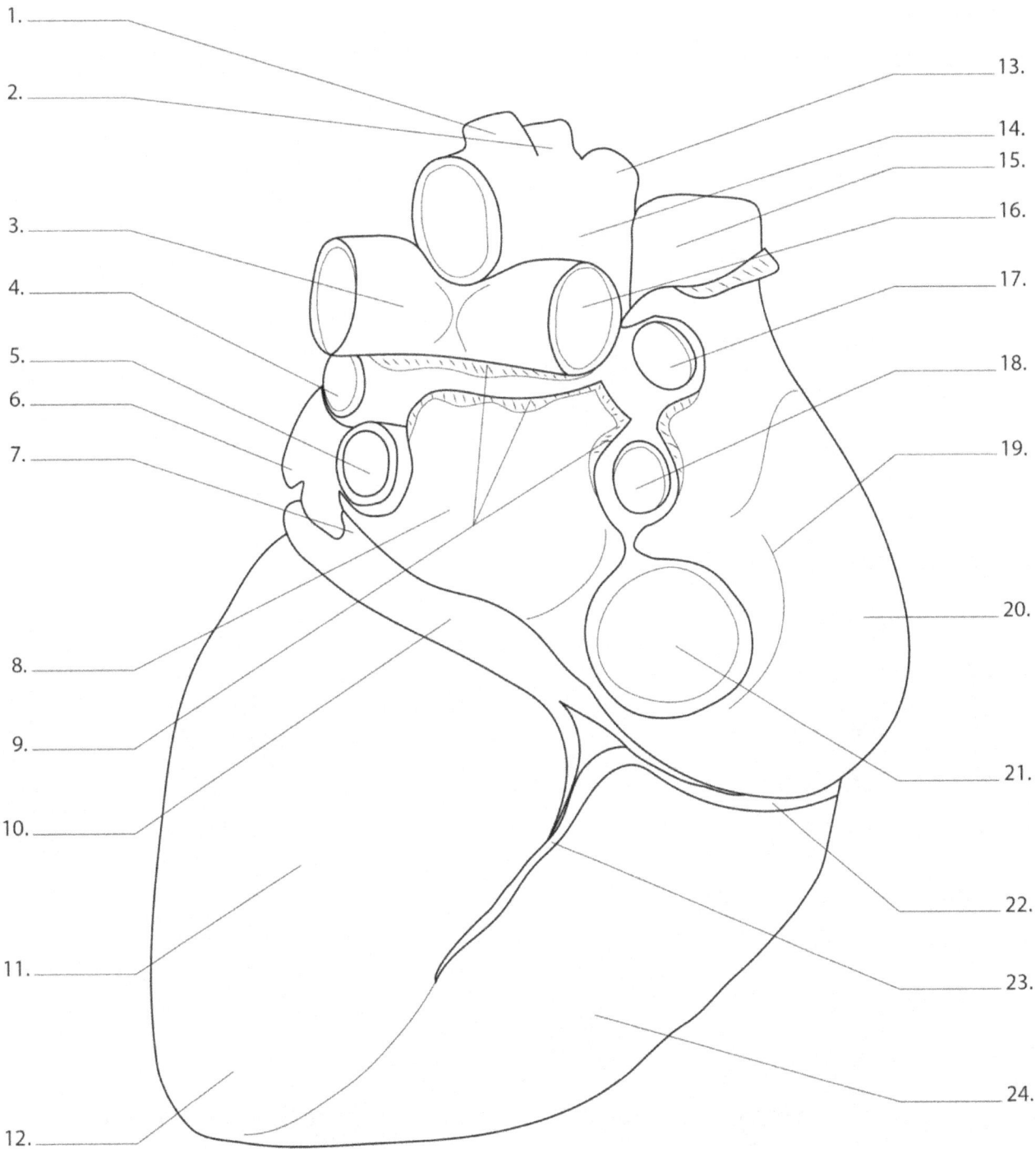

1.

2.

3.

4.

5.

6.

7.

8.

9.

10.

11.

12.

13.

14.

15.

16.

17.

18.

19.

20.

21.

22.

23.

24.

HERZ (ZWERCHFELLANSICHT)

1. Linke A. subclavia

2. Gemeinsame linke Halsschlagader

3. Linke Lungenarterie

4. Linke obere Lungenvene

5. Linke untere Lungenvene

6. Linke Ohrmuschel

7. Schräge Vene des linken Vorhofs

8. Linker Vorhof

9. Perikardium-Reflexion

10. Koronarsinus

11. Linke Herzkammer

12. Apex

13. Brachiozephaler Rumpf

14. Bogen der Aorta

15. Obere Hohlvene

16. Rechte Lungenarterie

17. Rechte obere Lungenvene

18. Rechte untere Lungenvene

19. Sulcus terminalis cordis

20. Rechter Vorhof

21. Innere Hohlvene

22. Koronarer Sulkus

23. Posteriorer interventrikulärer Sulcus (Zweig der Koronararterie und der mittleren Herzvene)

24. Rechte Herzkammer

HERZ-KREUZUNG

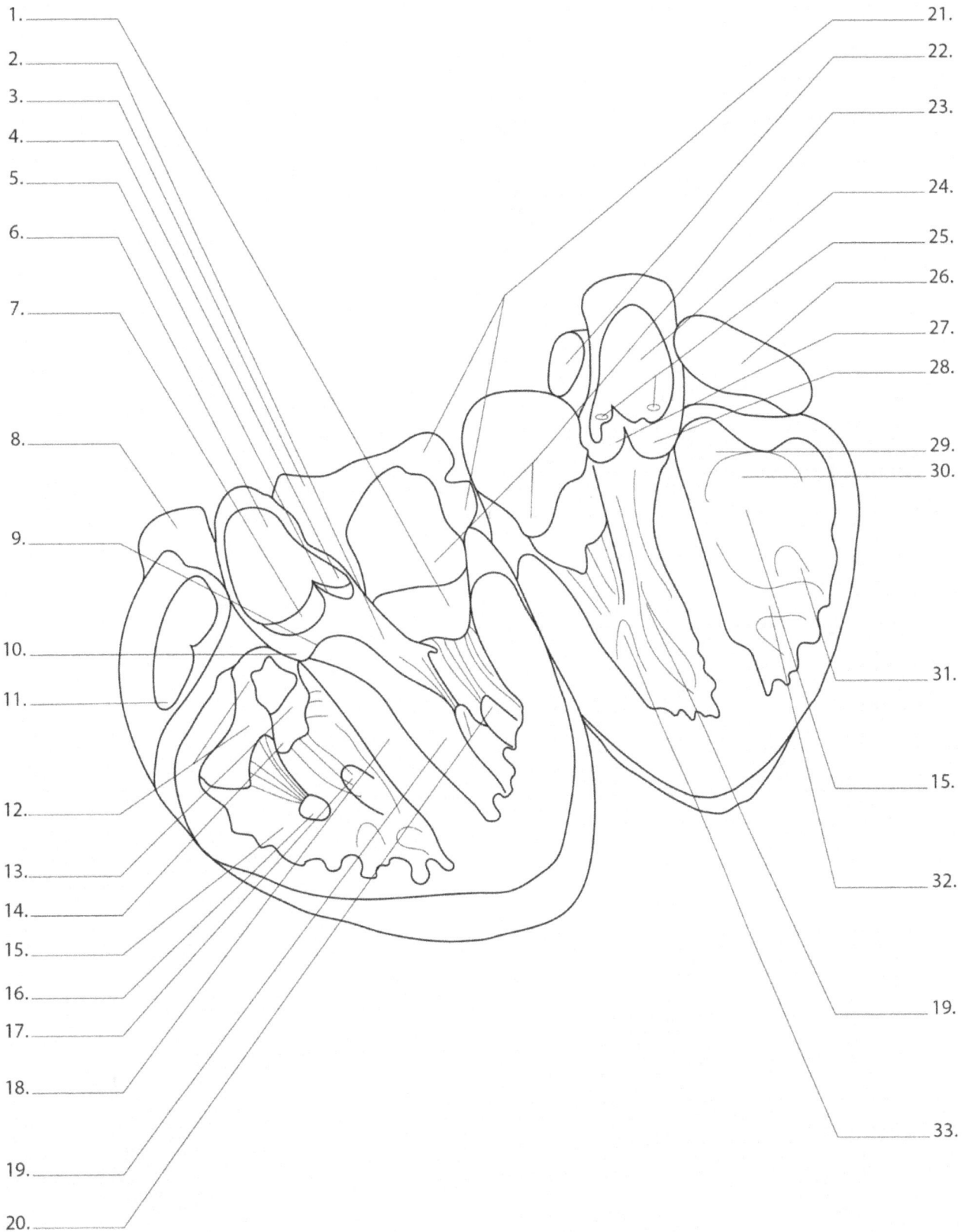

1.
2.
3.
4.
5.
6.
7.
8.
9.
10.
11.
12.
13.
14.
15.
16.
17.
18.
19.
20.

21.
22.
23.
24.
25.
26.
27.
28.
29.
30.
31.
15.
32.
19.
33.

HERZ-KREUZUNG

1. Hinterer Höcker der Mitralklappe
2. Vorderer Höcker der Mitralklappe
3. Rechte obere Lungenvene
4. Aortenhöhle (Valsalva)
5. Linker halbmondförmiger Höcker der Aortenklappe
6. Aufsteigende Aorta
7. Hinterer halbmondförmiger Höcker der Aortenklappe
8. Obere Hohlvene
9. Atrioventrikulärer Teil des membranösen Septums
10. Interventrikulärer Teil des membranösen Septums
11. Rechter Vorhof
12. Vorderer Höcker der Trikuspidalklappe
13. Septalhöcker der Trikuspidalklappe
14. Hinterer Höcker der Trikuspidalklappe
15. Rechte Herzkammer
16. Rechter vorderer Papillarmuskel
17. Rechter hinterer Papillarmuskel
18. Muskulärer Teil der intraventrikulären Scheidewand
19. Linke Herzkammer
20. Linker hinterer Papillarmuskel
21. Linke Lungenvenen
22. Pulmonaler Rumpf
23. Linker Vorhof
24. Aufsteigende Aorta
25. Eröffnung von Koronararterien
26. Rechte Ohrmuschel
27. Linker halbmondförmiger Höcker der Aortenklappe
28. Rechter halbmondförmiger Höcker der Aortenklappe
29. Supraventrikulärer Kamm
30. Abfluss zum Lungenstamm
31. Rechter vorderer Papillarmuskel
32. Moderatorband der septomarginalen Trabekel
33. Linker vorderer Papillarmuskel

MUSKELN DER VORDEREN BAUCHDECKE

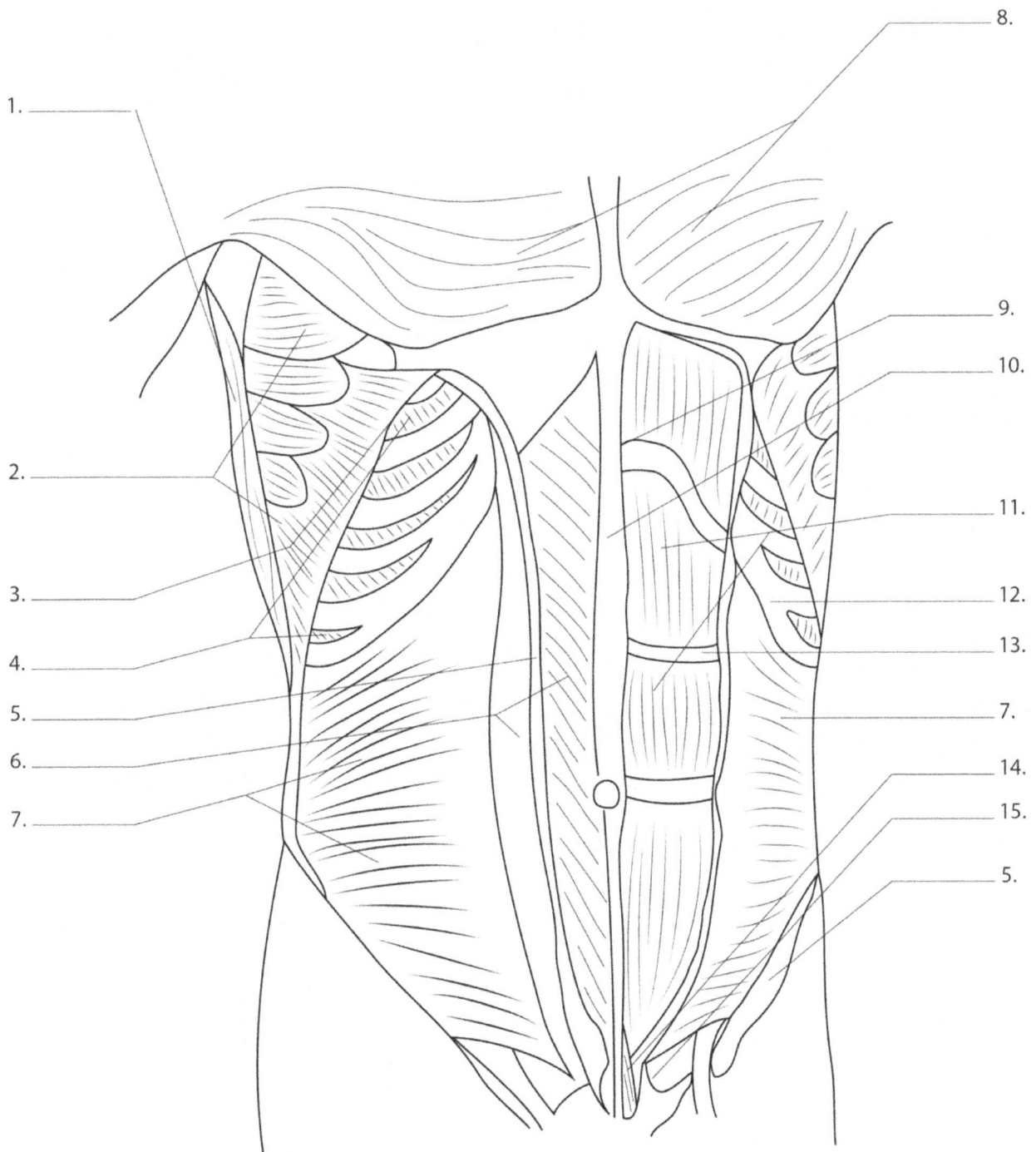

1.

2.

3.

4.

5.

6.

7.

8.

9.

10.

11.

12.

13.

7.

14.

15.

5.

MUSKELN DER VORDEREN BAUCHDECKE

1. Musculus latissimus dorsa

2. Musculus serratus anterior

3. Muskulatur außen abdominal schräg

4. Muskulatur außen interkostal

5. Äußere schräge Aponeurose

6. Rektusscheide

7. Muskel innen Bauch schräg

8. Musculus pectoralis major

9. Vordere Schicht der Rektusscheide

10. Linea alba

11. Musculus rectus abdominalis

12. Rippen

13. Tendinous-Kreuzung

14. Pyramidalis-Muskel

15. Ligamentum pektinealis

MUSKELN DES RÜCKENS

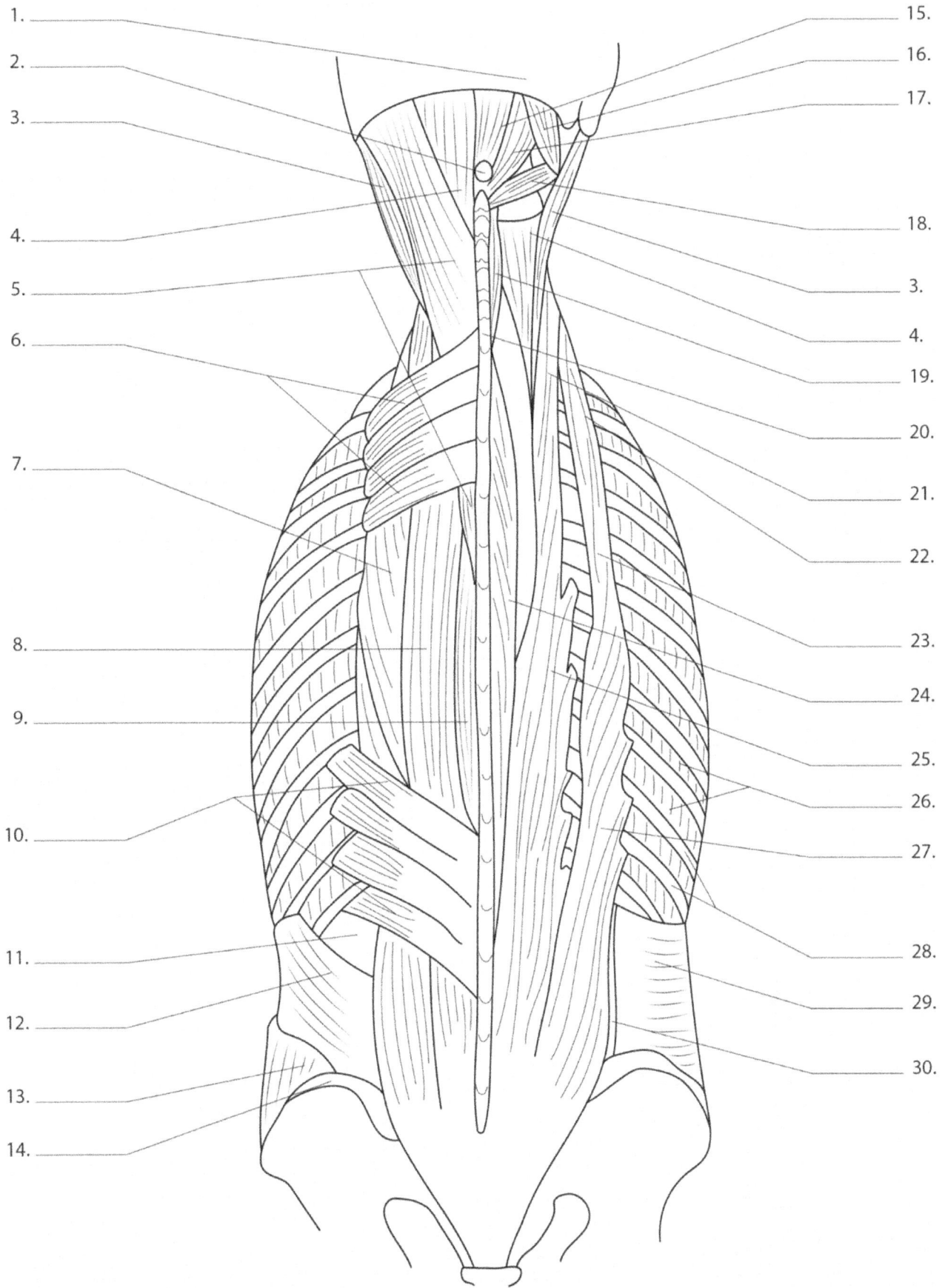

1.

2.

3.

4.

5.

6.

7.

8.

9.

10.

11.

12.

13.

14.

15.

16.

17.

18.

3.

4.

19.

20.

21.

22.

23.

24.

25.

26.

27.

28.

29.

30.

MUSKELN DES RÜCKENS

1. Obere Nackenlinie des Schädels
2. Hinterer Tuberkel des Atlas (C1)
3. Musculus longissimus capitis
4. Musculus semispinalis capitis
5. Muskelschleimhautentzündung (Splenius capitis) und Splenius cervicis
6. Musculus serratus posterior superior
7. Musculus iliocostalis
8. Musculus longissimus
9. Muskulatur der Wirbelsäule
10. Musculus serratus posterior inferior
11. Verrenker des Ursprungs des Musculus transversus abdominis
12. Muskel innen schräg
13. Muskel außen schräg
14. Iliakischer Kamm
15. Musculus rectus capitis posterior minor
16. Musculus obliquus capitis superior
17. Musculus rectus capitis posterior major
18. Muskelschräge Kapitis inferior
19. Musculus spinalis cervicis
20. Rückenmark
21. Musculus longissimus cervicis
22. Musculus iliocostalis cervicis
23. Musculus iliocostalis thoracis
24. Musculus spinalis thoracis
25. Musculus longissimus thoracis
26. Muskulatur interkostal außen
27. Musculus iliocostalis lumborum
28. Rippen
29. Musculus transversus abdominis
30. Thorakolumbale Faszie

ORGANE DER BAUCHHÖHLE

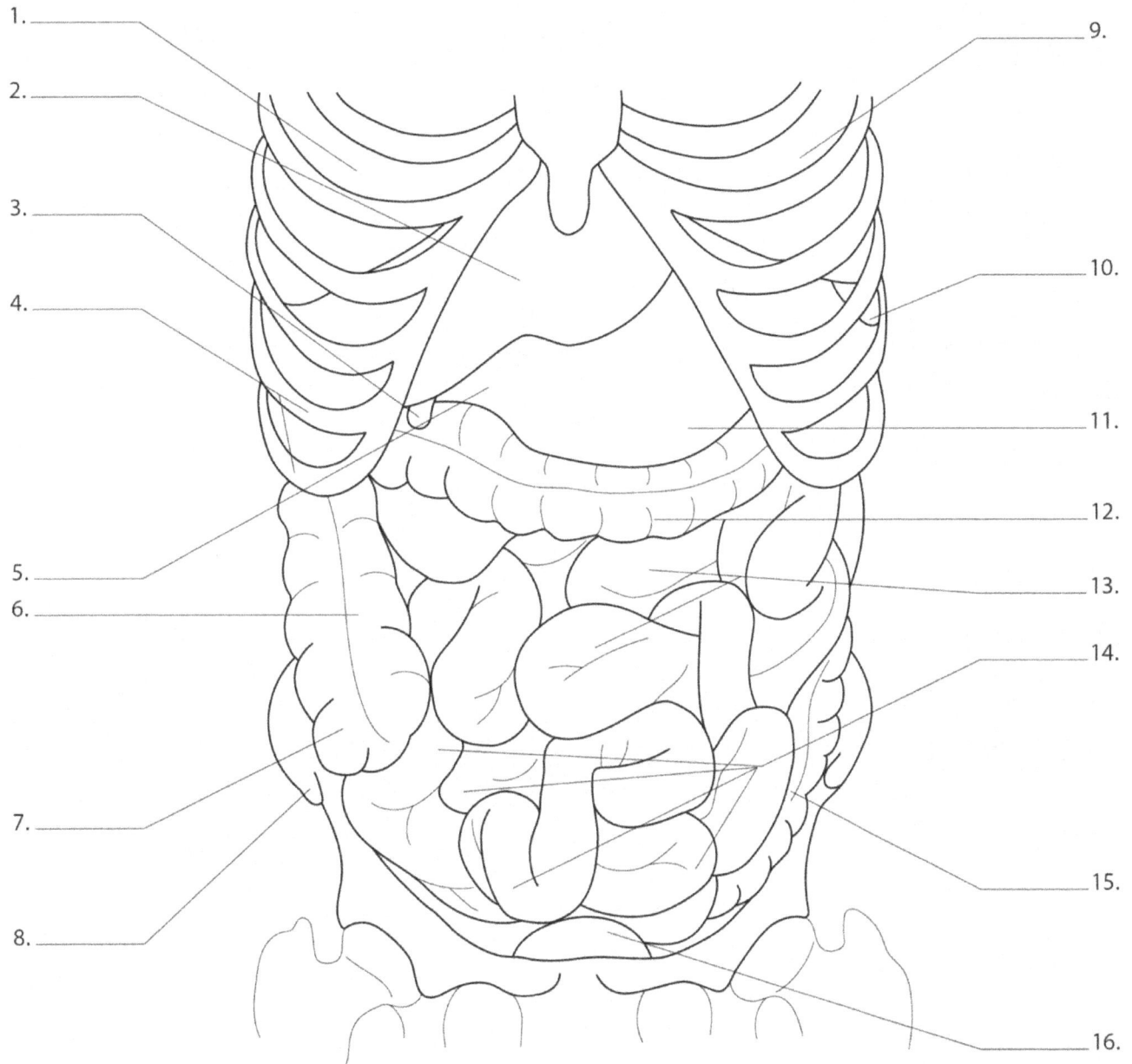

1.

2.

3.

4.

5.

6.

7.

8.

9.

10.

11.

12.

13.

14.

15.

16.

ORGANE DER BAUCHHÖHLE

1. Rechte Lunge

2. Leber

3. Fundus der Gallenblase

4. Rippen

5. Pylorus

6. Aufsteigender Dickdarm

7. Zökum

8. Vordere obere Darmbeinwirbelsäule

9. Linke Lunge

10. Milz

11. Körper des Magens

12. Querkolon

13. Jejunum

14. Ileum

15. Absteigender Dickdarm

16. Harnblase

RETROPERITONEALE ORGANE DER BAUCHHÖHLE

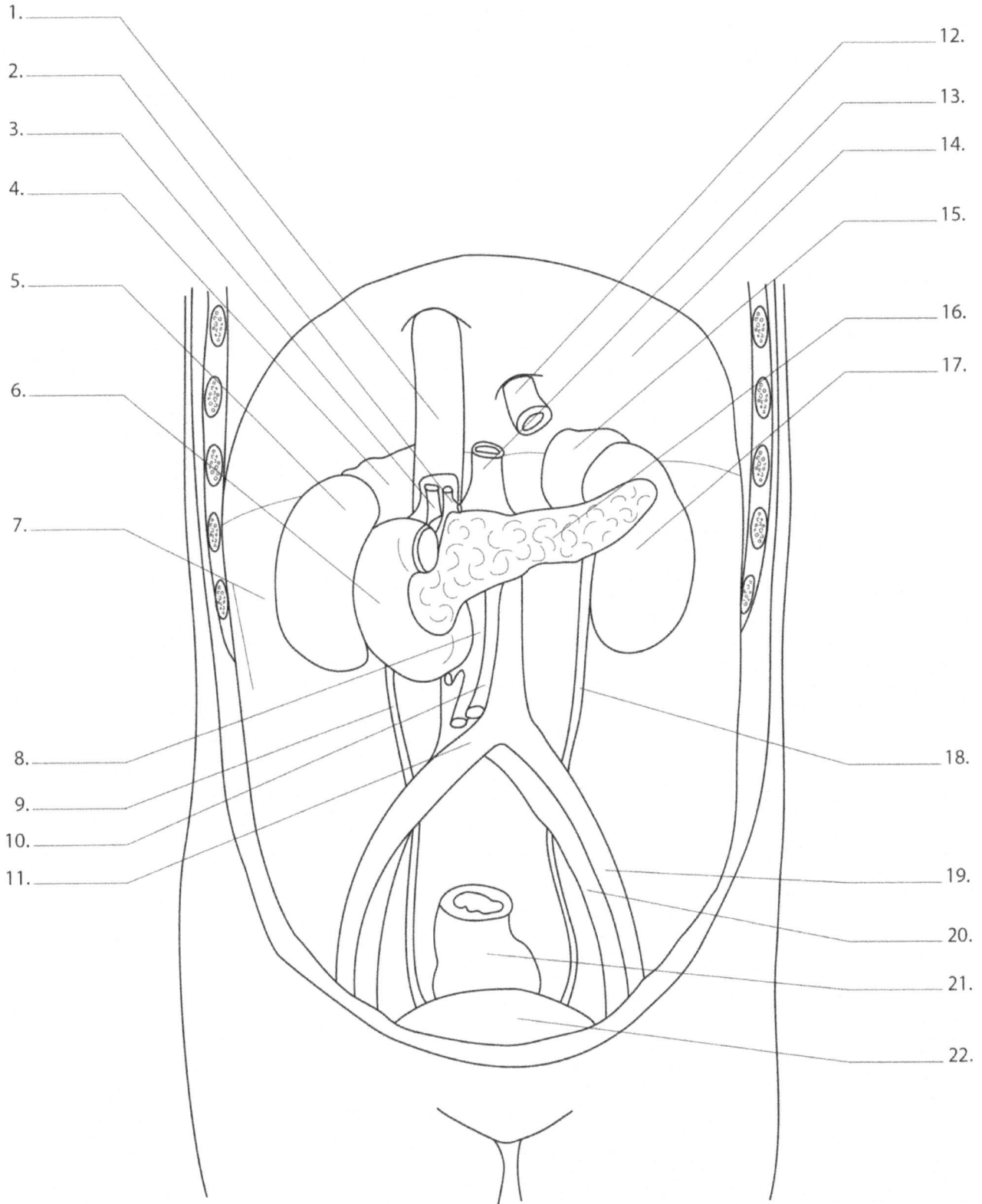

1.

2.

3.

4.

5.

6.

7.

8.

9.

10.

11.

12.

13.

14.

15.

16.

17.

18.

19.

20.

21.

22.

RETROPERITONEALE ORGANE DER BAUCHHÖHLE

1. Innere Hohlvene
2. Leberarterie selbst
3. Gemeinsamer Gallengang
4. Rechte Nebennierendrüse
5. Rechte Niere
6. Duodenum
7. Parietales Peritoneum
8. Obere Mesenterialvene
9. Rechter Ureter
10. Obere Mesenterialarterie
11. Gemeinsame Beckenarterie
12. Speiseröhre
13. Bauchaorta
14. Diaphragma
15. Linke Nebennierendrüse
16. Bauchspeicheldrüse
17. Linke Niere
18. Linker Ureter
19. Äußere Beckenarterie
20. Äußere Beckenvene
21. Rektum
22. Harnblase

NIERE

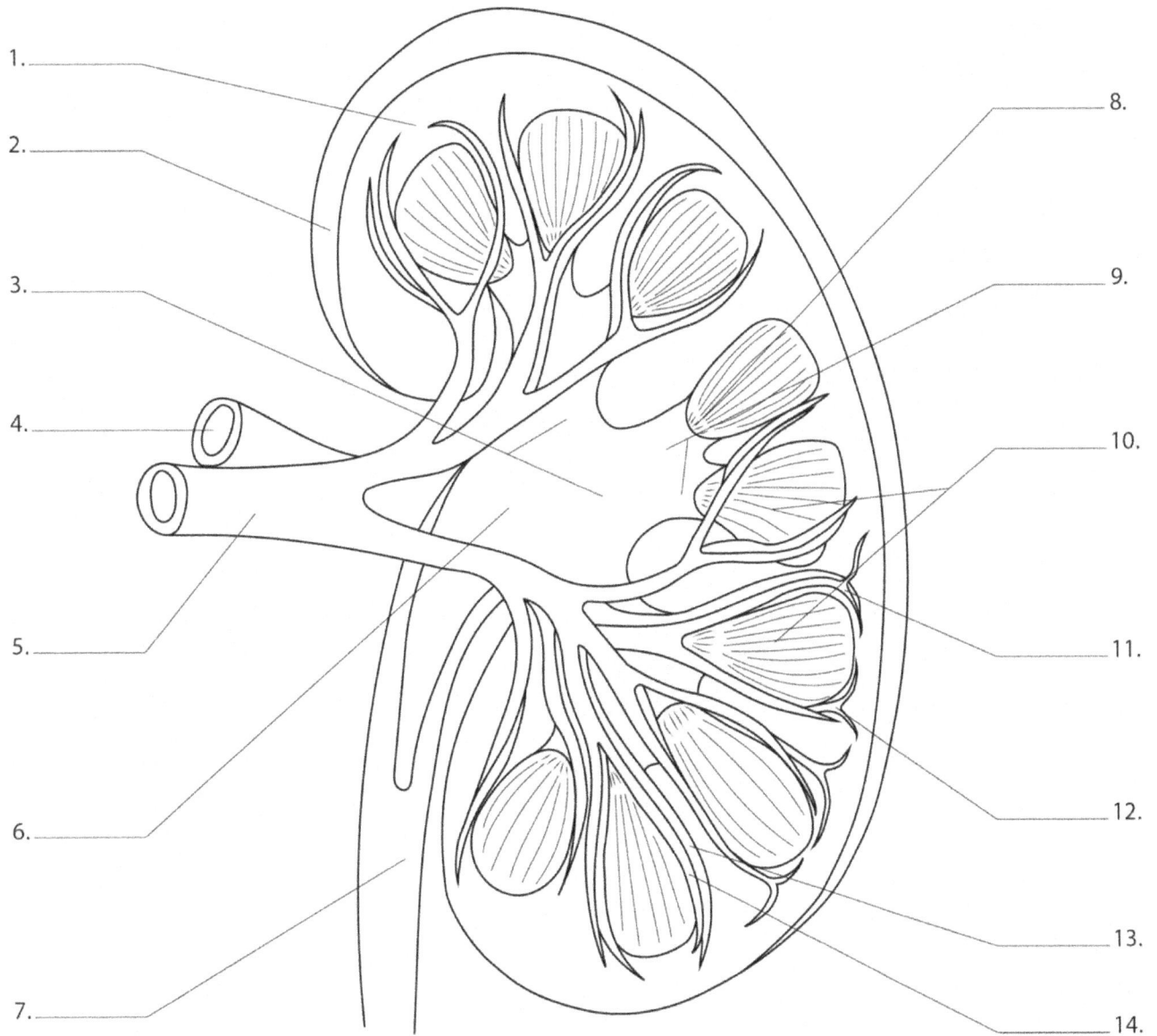

1.

2.

3.

4.

5.

6.

7.

8.

9.

10.

11.

12.

13.

14.

NIERE

1. Kortex

2. Faserige Kapsel

3. Große Blütenkelche

4. Nierenarterie

5. Vena renalis

6. Nierenbecken

7. Ureter

8. Nierenpapille

9. Kleine Blütenkelche

10. Medulla (Nierenpyramiden)

11. Bogenförmige Vene

12. Gebogene Arterie

13. Interlobuläre Arterie

14. Interlobuläre Vene

BECKENKNOCHEN

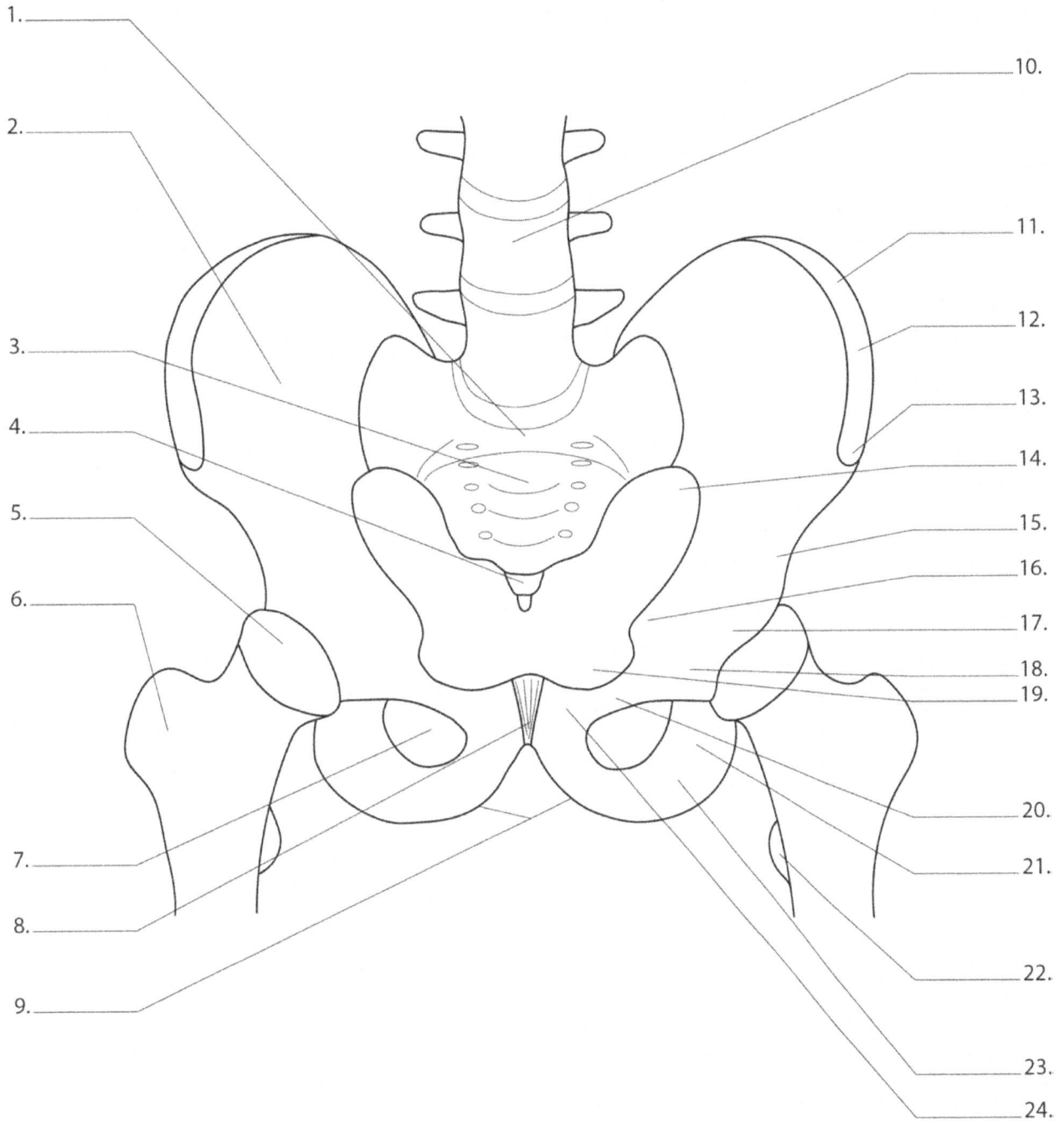

1.

2.

3.

4.

5.

6.

7.

8.

9.

10.

11.

12.

13.

14.

15.

16.

17.

18.

19.

20.

21.

22.

23.

24.

BECKENKNOCHEN

1. Sakrales Vorgebirge

2. Ala von Ilium

3. Sacrum

4. Steißbein

5. Gelenkknorpel

6. Großer Trochanter des Oberschenkelknochens

7. Obturator-Foramen

8. Schambein-Sinfonie

9. Schambogen

10. Lendenwirbel

11. Iliakischer Kamm

12. Tuberkel des Beckenkamms

13. Vordere obere Darmbeinwirbelsäule

14. Größere Ischiaseinkerbung

15. Vordere inferiore Iliakalwirbelsäule

16. Ischiale Wirbelsäule

17. Iliopubische Eminenz

18. Pektineale Linie

19. Geringere Ischiaseinkerbung

20. Oberer Schambein-Ramus

21. Ischiale Tuberositas

22. Kleiner Trochanter des Oberschenkelknochens

23. Inferiorer Schambein-Ramus

24. Schambein-Tuberkel

WEIBLICHE BECKENMUSKELN

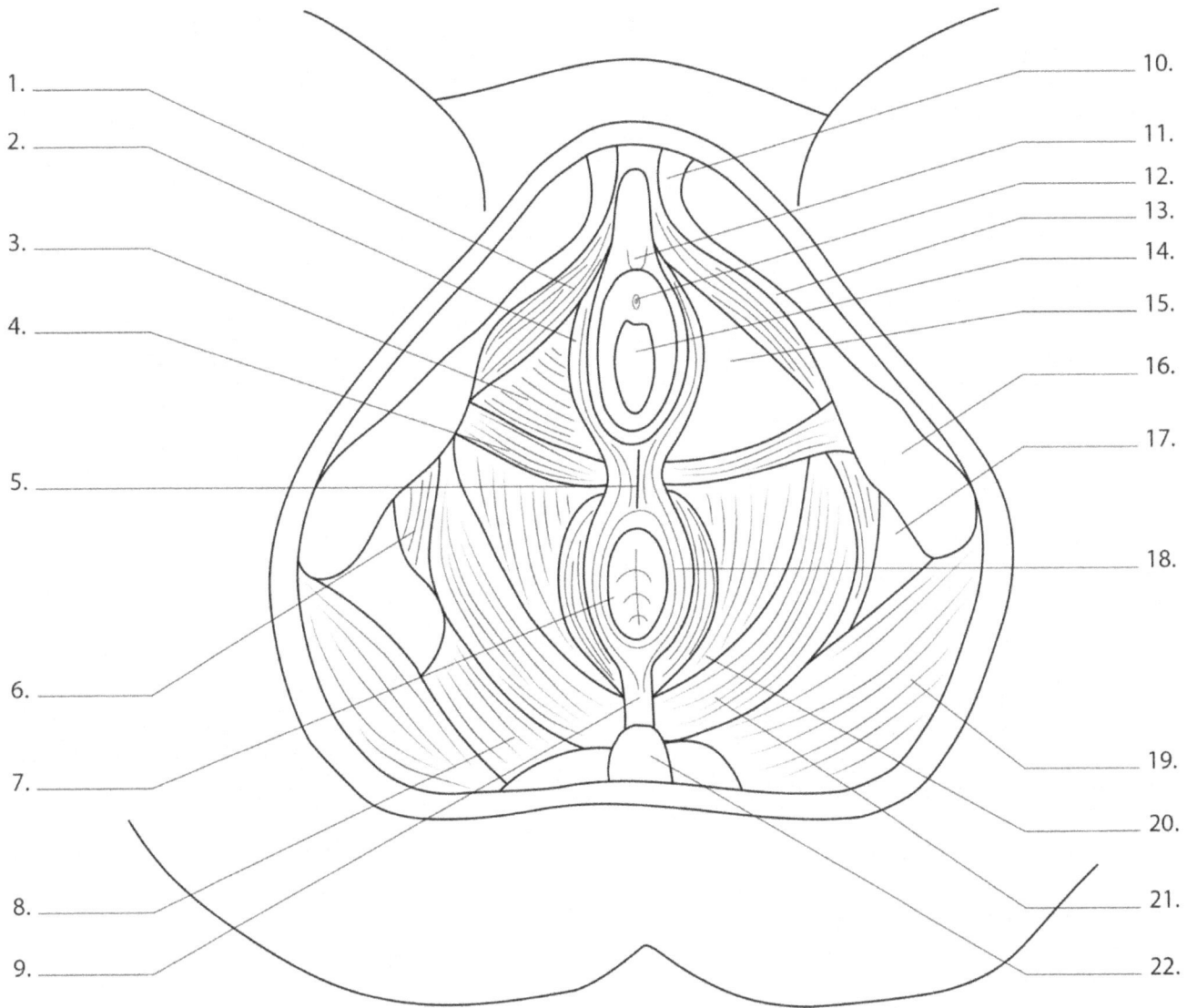

1. _____

2. _____

3. _____

4. _____

5. _____

6. _____

7. _____

8. _____

9. _____

10. _____

11. _____

12. _____

13. _____

14. _____

15. _____

16. _____

17. _____

18. _____

19. _____

20. _____

21. _____

22. _____

WEIBLICHE BECKENMUSKELN

1. Muskel-Ischiocavernosus

2. Muskelbulbospongiosus

3. Tiefer transversaler Damm-Muskel

4. Oberflächlicher transversaler Damm-Muskel

5. Zentrale Damm-Sehne

6. Muskel-Obturator internus

7. Anus

8. Muskelkokken

9. Ligamentum anococcygeale

10. Inferiorer Schambein-Ramus

11. Klitoris

12. Urethra

13. Ischiopubischer Ramus

14. Vagina

15. Perinealmembran

16. Ischiale Tuberositas

17. Sakro-tuberöses Ligament

18. Äußerer Analsphinkter

19. Gluteus-Dur

20. Musculus pubococcygeus

21. Musculus iliococcygeus

22. Steißbein

MÄNNLICHER BECKENMUSKEL

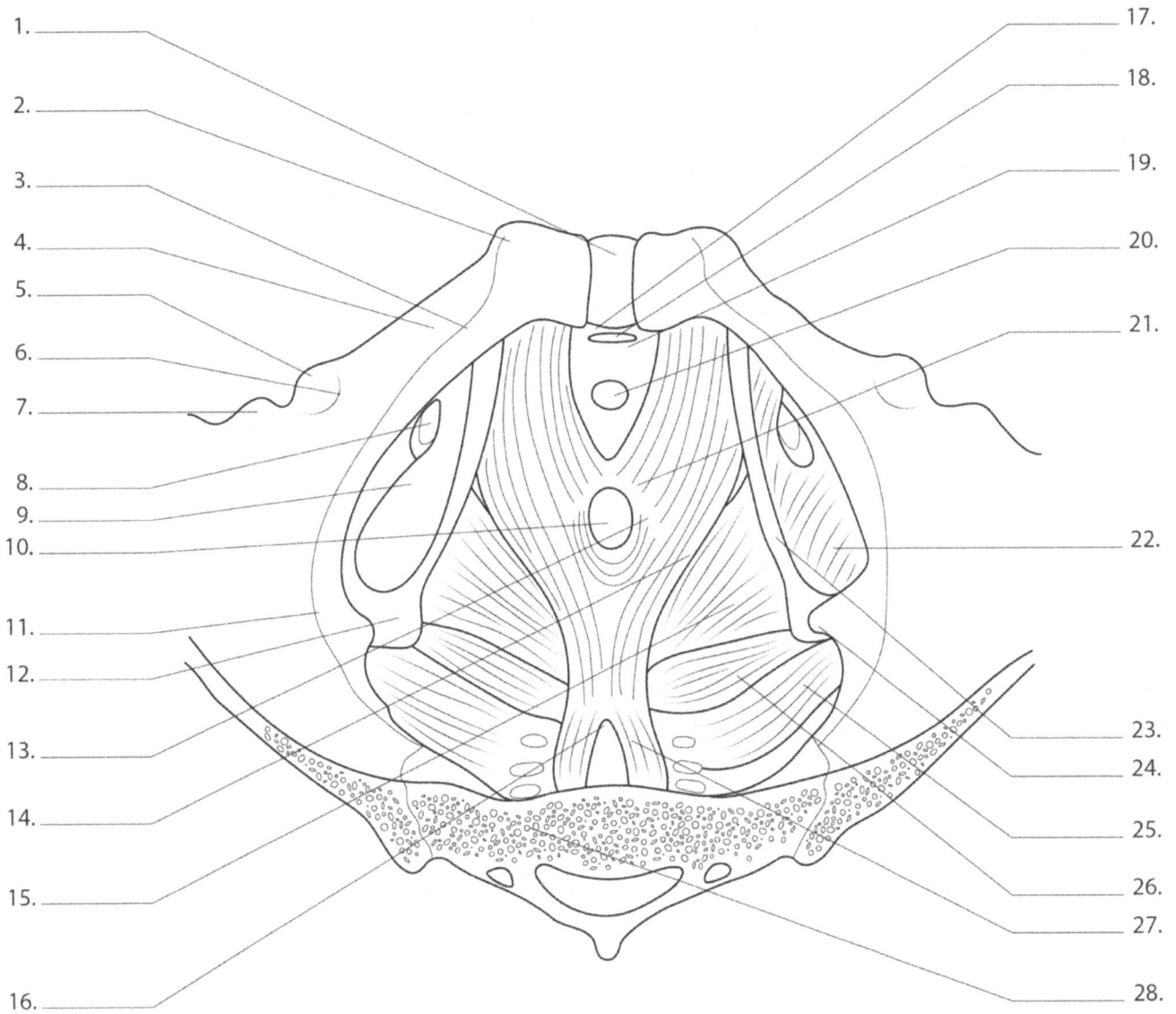

1. _____

2. _____

3. _____

4. _____

5. _____

6. _____

7. _____

8. _____

9. _____

10. _____

11. _____

12. _____

13. _____

14. _____

15. _____

16. _____

17. _____

18. _____

19. _____

20. _____

21. _____

22. _____

23. _____

24. _____

25. _____

26. _____

27. _____

28. _____

MÄNNLICHER BECKENMUSKEL

1. Schambein-Sinfonie
2. Schambein-Kamm
3. Pecten pubis
4. Oberer Ramus des Schambeins
5. Rand der Hüftgelenkspfanne
6. Iliopubische Eminenz
7. Vordere inferiore Iliakalwirbelsäule
8. Obturator-Kanal
9. Obturator-Faszie
10. Anorektaler Hiatus
11. Bogenförmige Linie (iliakaler Teil der iliopektinealen Linie)
12. Ischiale Wirbelsäule
13. Musculus puborectalis
14. Pubococcygeus-Muskel
15. Iliococcygeus-Muskel
16. Steißbein
17. Unteres Schambeinband
18. Hiatus für tiefe Dorsalvene des Penis
19. Transversales perineales Ligament
20. Hiatus für Harnröhre
21. Muskelfasern aus Levator ani
22. Muskel-Obturator internus
23. Sehnenbogen des M. levator ani
24. Ischiale Wirbelsäule
25. Piriformis-Muskel
26. Muskelkokkus
27. Vorderes Ligamentum sacrococcygeus
28. Sacrum

WEIBLICHE BECKENMUSKELN

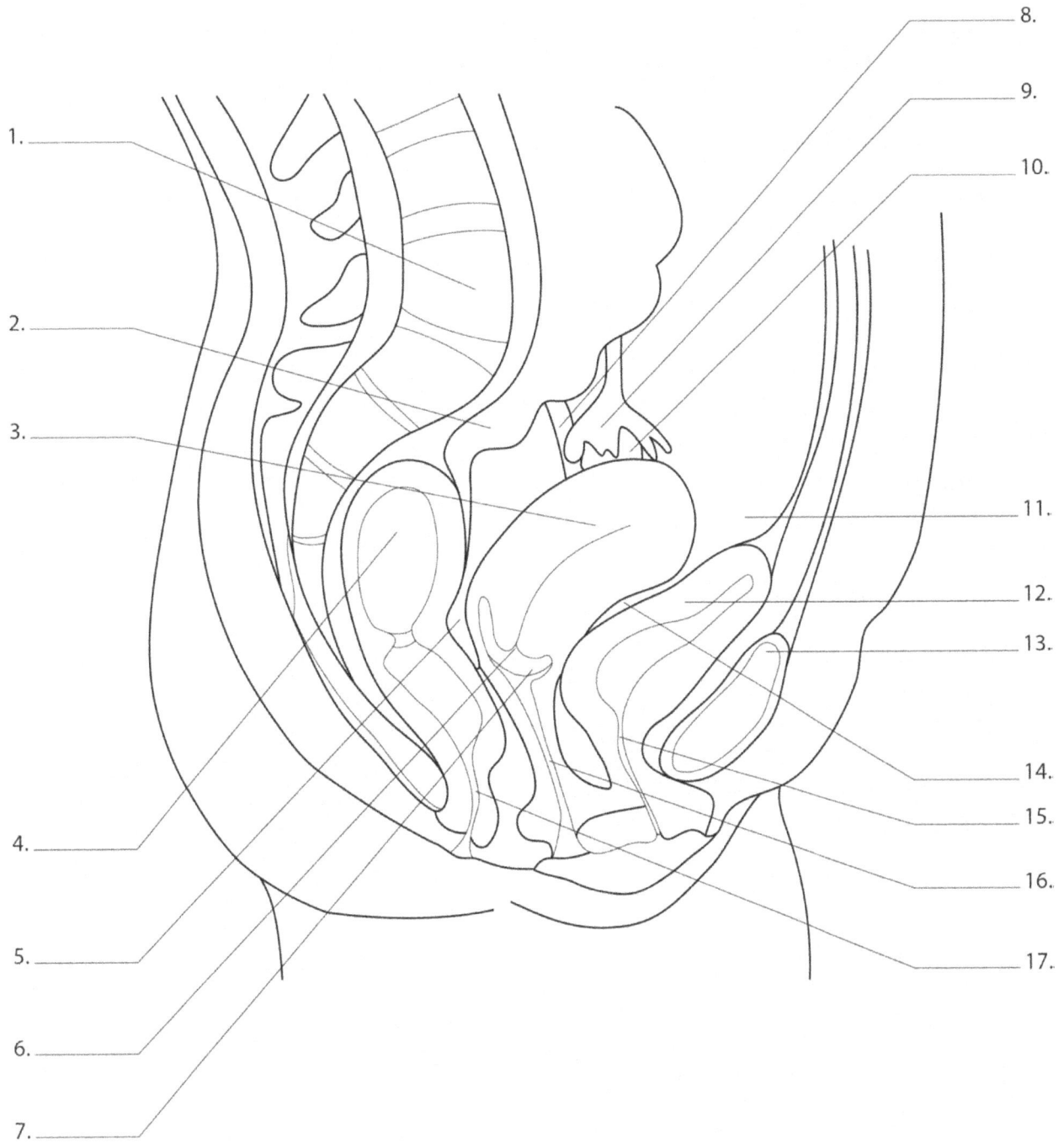

1.

2.

3.

4.

5.

6.

7.

8.

9.

10.

11.

12.

13.

14.

15.

16.

17.

WEIBLICHE BECKENMUSKELN

1. Die Wirbelsäule

2. Sigmoid-Spalte

3. Uterus

4. Rektum

5. Recto-uteriner Beutel

6. Gebärmutterhals

7. Vaginalgewölbe

8. Ureter

9. Eileiter

10. Eierstock

11. Peritoneum

12. Blase

13. Schambein-Sinfonie

14. Vesiko-Uterus-Beutel

15. Urethra

16. Vagina

17. Anus

MÄNNLICHE BECKENORGANE

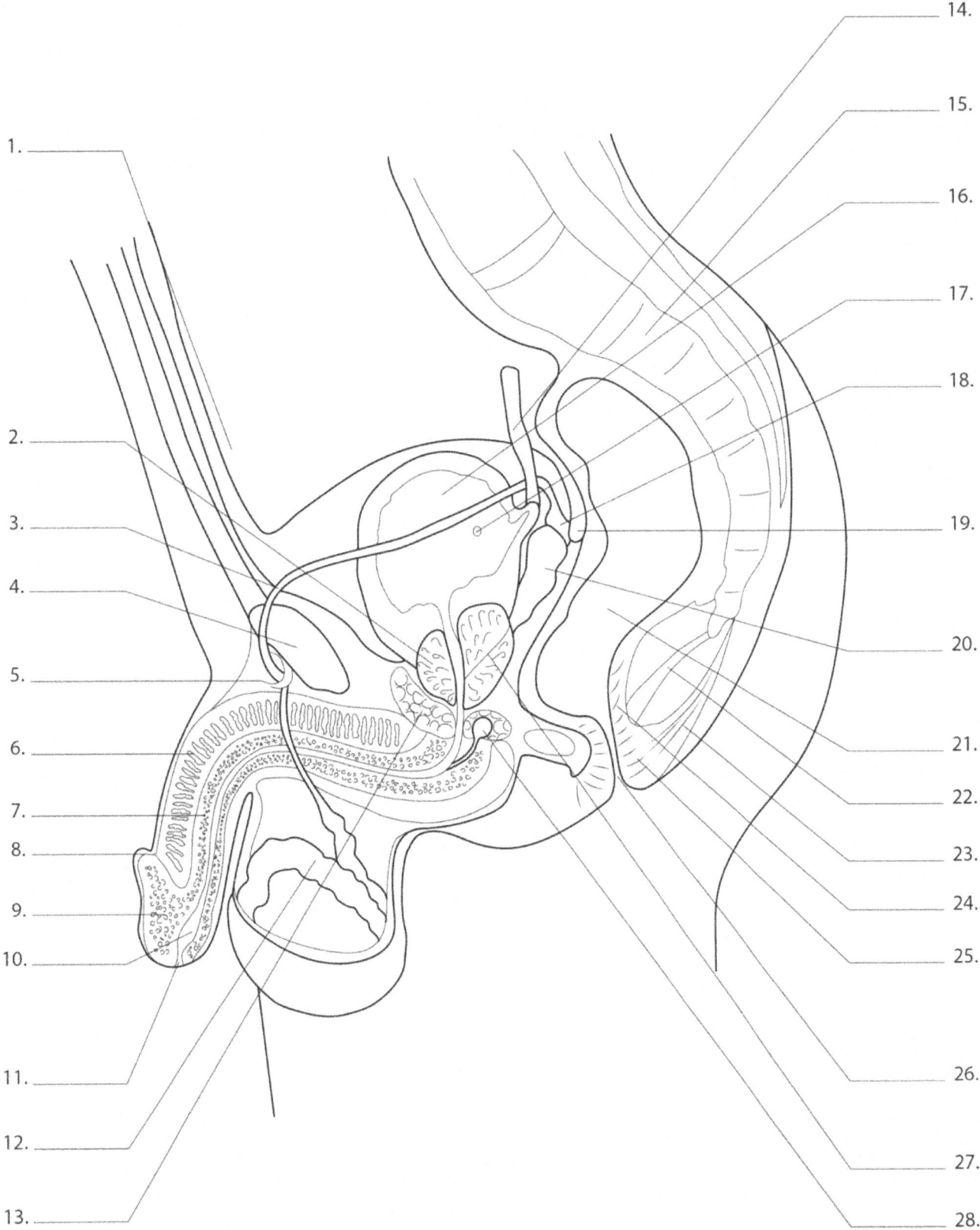

1.

2.

3.

4.

5.

6.

7.

8.

9.

10.

11.

12.

13.

14.

15.

16.

17.

18.

19.

20.

21.

22.

23.

24.

25.

26.

27.

28.

MÄNNLICHE BECKENORGANE

1. Peritoneum
2. Prostata
3. Ductus deferens
4. Schambein-Sinfonie
5. Aufhängendes Ligament des Penis
6. Schwellkörper (Corpus cavernosum)
7. Corpus spongiosum
8. Korona der Eichel-Penis
9. Eichel-Penis
10. Kahnbein-Fossa der Harnröhre
11. Äußere Harnröhrenöffnung
12. Nebenhoden
13. Muskelsphinkter Harnröhre
14. Ureter
15. Sacrum
16. Harnblase
17. Eröffnung des Ureters
18. Ampulle des Ductus deferens
19. Rektovesikaler Beutel
20. Samenblase
21. Rektum
22. Muskel-Levator ani
23. Ligamentum anococcygeale
24. Interner Analsphinkter
25. Äußerer Analsphinkter
26. Anus
27. Ejakulationsgang
28. Bulbourethraldrüse und Ductus bulbourethralis

SKELETT (VORDERANSICHT)

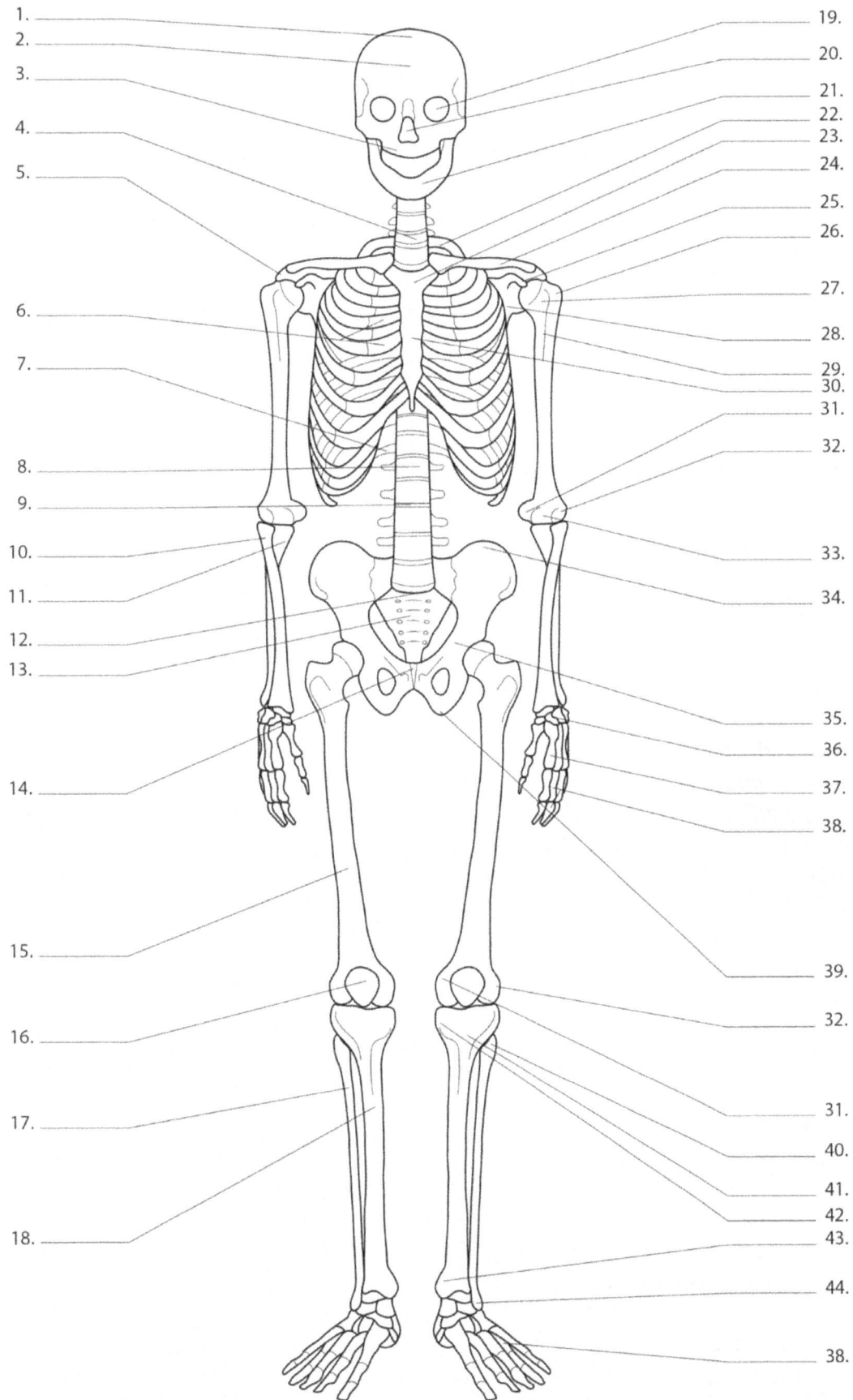

1. _____
2. _____
3. _____
4. _____
5. _____

6. _____
7. _____

8. _____
9. _____
10. _____
11. _____

12. _____
13. _____

14. _____

15. _____

16. _____

17. _____

18. _____

19. _____
20. _____
21. _____
22. _____
23. _____
24. _____
25. _____
26. _____
27. _____
28. _____
29. _____
30. _____
31. _____
32. _____
33. _____
34. _____
35. _____
36. _____
37. _____
38. _____
39. _____
32. _____
31. _____
40. _____
41. _____
42. _____
43. _____
44. _____
38. _____

SKELETT (VORDERANSICHT)

1. Schädel
2. Stirnbein
3. Maxilla
4. C7-Wirbel
5. Akromion
6. Rippenknorpel
7. 12. Rippe
8. L1-Wirbel
9. Bandscheiben
10. Radius
11. Ulna
12. S1-Wirbel
13. Sacrum
14. Schambein-Sinfonie
15. Femur
16. Patella
17. Fibel
18. Tibia
19. Orbitaler Hohlraum
20. Nasenhöhle
21. Unterkiefer
22. 1. Rippe
23. Manubrium
24. Klavikula
25. Coracoid-Verfahren
26. Größeres Tuberkel
27. Kleines Tuberkel
28. Scapula
29. Humerus
30. Sternum
31. Mediales Epicondyle
32. Laterales Epicondyle
33. Humerusköpfchen
34. Ilium
35. Pubis
36. Karpaten
37. Mittelhandknochen
38. Fingerknochen
39. Ischium
40. Kopf der Fibula
41. Tuberositas tibiae
42. Medialer Schienbein-Kondylus
43. Medialer Malleolus
44. Lateraler Malleolus

SKELETT (RÜCKANSICHT)

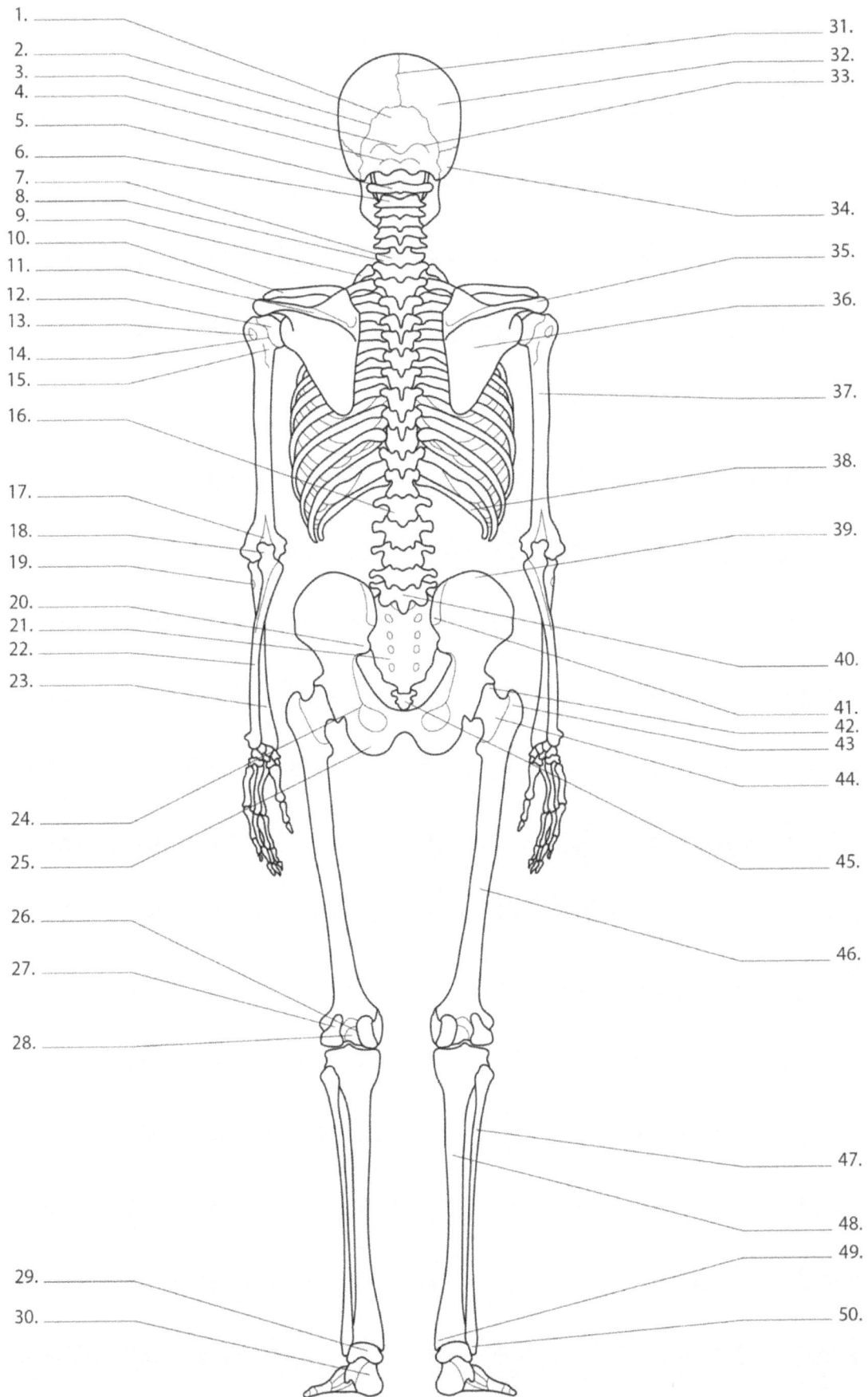

1. _____
2. _____
3. _____
4. _____
5. _____
6. _____
7. _____
8. _____
9. _____
10. _____
11. _____
12. _____
13. _____
14. _____
15. _____
16. _____
17. _____
18. _____
19. _____
20. _____
21. _____
22. _____
23. _____
24. _____
25. _____
26. _____
27. _____
28. _____
29. _____
30. _____

31. _____
32. _____
33. _____
34. _____
35. _____
36. _____
37. _____
38. _____
39. _____
40. _____
41. _____
42. _____
43. _____
44. _____
45. _____
46. _____
47. _____
48. _____
49. _____
50. _____

SKELETT (RÜCKANSICHT)

1. Okzipital
2. Lambdanaht
3. Äussere okzipitale Protuberanz
4. Untere Nackenlinie
5. Atlas (C1)
6. Achse (C2)
7. C7-Wirbel
8. T1-Wirbel
9. 1. Rippe
10. Klavikula
11. Wirbelsäule des Schulterblattes
12. Kopf des Oberarmknochens
13. Größeres Tuberkel
14. Anatomischer Hals
15. Chirurgischer Hals
16. L1-Wirbel
17. Fossa Olecranon
18. Olecranon
19. Radiale Tuberositas
20. Posteriore inferiore Beckenwirbelsäule
21. Sacrum
22. Ulna
23. Radius
24. Ischiale Wirbelsäule
25. Ischiale Tuberositas
26. Medialer Femurkondylus
27. Laterale Femurkondyle
28. Interkondyläre Fossa
29. Talus
30. Calcaneus
31. Sagittal-Naht
32. Scheitelbein
33. Obere Nackenlinie
34. Schläfenbein
35. Akromion
36. Scapula
37. Humerus
38. 12. Rippe
39. Ilium
40. L5-Wirbel
41. Hintere obere Darmbeinwirbelsäule
42. Kopf des Oberschenkelknochens
43. Größerer Trochanter
44. Oberschenkelhals
45. Steißbein
46. Femur
47. Fibel
48. Tibia
49. Medialer Malleolus
50. Lateraler Malleolus